安阳工学院博士启动金项目，项目编号：BSJ2021008
河南省教育厅高校重点科研项目，项目编号：23A150048
河南省自然科学青年基金，项目编号：232300420391

锕/镧系层状碳化物的电子结构与性能

白小静 著

天津出版传媒集团
天津科学技术出版社

图书在版编目（CIP）数据

锕/镧系层状碳化物的电子结构与性能 / 白小静著
. -- 天津 : 天津科学技术出版社, 2023.6
ISBN 978-7-5742-1325-8

Ⅰ. ①锕… Ⅱ. ①白… Ⅲ. ①纳米材料 - 过渡金属化合物 - 力学性能 - 密度泛函法 - 研究 Ⅳ. ①TB383

中国国家版本馆CIP数据核字(2023)第109397号

锕/镧系层状碳化物的电子结构与性能
A / LANXI CENGZHUANG TANHUAWU DE DIANZI JIEGOU YU XINGNENG

责任编辑：张　萍
责任印制：兰　毅

出　　版：天津出版传媒集团
　　　　　天津科学技术出版社
地　　址：天津市西康路35号
邮　　编：300051
电　　话：（022）23332490
网　　址：www.tjkjcbs.com.cn
发　　行：新华书店经销
印　　刷：定州启航印刷有限公司

开本 880 × 1230　1/32　印张 7.25　字数 155 000
2023年6月第1版第1次印刷
定价：68.00元

前言

三元层状过渡金属碳化物及其衍生的二维层状过渡金属碳化物纳米材料因其独特的物理性质和化学性质，引起了人们的广泛关注。其中，三元层状碳化物材料不仅具备金属材料的导电和导热性以及较好的机械加工性；而且还具备陶瓷材料的高温强度和出色的抗氧化性等；此外，已有研究表明三元层状碳化物材料具有良好的耐辐照性能。这一系列优异的性能使其在核能领域拥有良好的应用前景。二维层状过渡金属碳化物也因其组成元素丰富，结构和性能具有多样性，所以在核工业体系的乏燃料后处理中展现出优异性能。因此，进一步探索新型三元层状结构和二维衍生材料意义重大。然而，目前过渡金属的考察范围仍然局限于前过渡金属，对含镧系和锕系金属的三元结构及其二维衍生物的研究鲜有报道。

本书基于密度泛函理论第一性原理计算方法对含锕系元素的层状结构进行了电子结构、动力学稳定性和力学性能的研究。结果表明，锕系基三元层状碳化物 UAl_3C_3 相、$U_2Al_3C_4$ 相、$PuAl_3C_3$ 相、$ThAl_3C_3$ 相、U_2CF_2 以及二维过渡金属碳化物 MXenes 的动力学稳定，为事故容错燃料系统提供了新型候选材料；在 1 500 K 高温下理论预测 UAl_3C_3 和 $U_2Al_3C_4$ 的热导率值分别达到 23.1 W/（m · K）和 22.9 W/（m · K）。在铀铝碳层状结构 UAl_3C_3 相和 $U_2Al_3C_4$ 相中铀和碳之间有较强的相互作用；铀铝碳层状结构 UAl_3C_3 相和 $U_2Al_3C_4$ 相均为金属性，表现出良好的力学性能。

基于密度泛函理论第一性原理计算，本书系统地采用密度泛函方法分别研究了以—F 和—OH 为表面基团以及无表面基团的镧系基二维碳化物的结构及基态性能和晶格动力学行为。为评估稳定结构，根据表面官能团的不同位置设计了六种可能构型。计算结果表明，以—F 和—OH 为表面基团的镧系基二维碳化物的结构均以碳为中心对称的构型最为稳定；除 La_2CT_2 和 Lu_2CT_2 外，其他均为磁性半导体，带隙为 0.173 ～ 2.170 eV。室温下，$Lu_2C(OH)_2$ 在 zigzag 方向和 armchair 方向上具有较高的载流子迁移率，分别为 95.19×10^3 cm^2/（V · s）和 217.1×10^3 cm^2/（V · s）。此外，本书还设计了 A 位分别为 Al、Si 和 Sn 的 Lu_2AC 211 MAX 相结构，并预测了其弹性各向异性，Lu_2AlC 的机械加工性能优于 Lu_2SnC 和 Lu_2SiC 的机械加工性能。

本书是由博士论文整理而成的。笔者在撰写过程中借鉴了相关学者的研究，在此表示诚挚的谢意。此外，由于笔者水平有限，书中难免存在不足之处，敬请广大读者斧正。

目 录

第1章　绪论

1.1　研究背景及研究意义

能源在一定程度上促进了人类社会的进步与发展。随着现代社会的飞速发展，全球对能源的需求量越来越大，然而，作为当今社会主要能源的煤、石油、天然气等化石能源属于不可再生能源，随着时间的消逝这些能源存储量不断减少。因此，积极开发新能源对于人类社会的发展具有十分重要的意义。作为人类进步标志的核能由于其巨大的存储量及以高效、清洁的特性而越来越受到关注（Chu and Majumdar，2012）。下一代先进核能系统（如聚变堆、第四代裂变反应堆、加速器驱动次临界系统等）的开发与应用为提高核能系统的安全性、核能的利用效率具有重要意义。

对于大规模的电力生产来说，核能是目前最具发展潜力的清洁能源（Chu and Majumdar，2012；Arunachalam and

Fleischer，2008），世界核能已经跨越第三代，正在向着世界核能第四代技术迈进。由三向四的转变显然并非轻而易举，需要大量的人力、物力、财力等，更重要的是时间，漫长的研究周期也是研究者面临的问题。因为核能所用的所有材料（Zinkle and Was，2013）都要饱经寻常材料所幸免的考察表征，如高温、辐照、氧化、腐蚀等一系列严峻条件下的评估。因此，人们不得不提出大量的材料作为备选。如何从浩瀚无际的备选材料中筛选出恰当的材料以及材料的制备工艺不仅是先进核工业材料发展的瓶颈问题，而且是对材料工作者的重大挑战。在材料评估中，一旦开发新材料必将进行常规实验的制备，工艺参数的选择到材料的加工成型，获得试样之后进行的就是利用各种实验手段对样品进行表征，试样的表征即对其性能的评估。一般开发材料到了这个阶段已经可以得出性能指数，而对于核能材料后续还要将其放入核反应堆所设置的环境条件下进行长时间的演变，该服役阶段所耗费的时间往往是以年为计量单位，待完成服役后才能对所研究的材料做出相应的本征性能及其在核能反应堆中的耐受性评估。这种采用实验手段开发核能材料的过程显然是等不起的，并在一定程度上阻碍了核能材料的挖掘与开发，甚至升级。

在一些核能开发较为领先的国家，他们的核能开发模式并不仅局限于实验手段（Hill，2008；Andersson et al.，2011；Usov et al.，2014），他们一般是将已经服役候选材料的工艺实验数据和材料评估性能数据作为研究起点，在大量的数据中进行统计评估，进而利用计算机建立模型，并对数值模型进行高超计算机的模拟仿真过程，从而完成优异的工艺参数以及材料性能的初步评估筛选。这大大节省了时间，提高了研究效率，这种研究模式甚至将研究准确度及方向把控在一定范围内。在当今科技时代，面对世界核能第四代材料的开发和推进，人们不得不利用计算机的先进技术，因此将计算机技术与材料科学及核科学交叉起来，优化核工业的新型核能系统的设计将是迈进世界核能第四代的关键。因此可以说，计算机仿真设计已经成为当今世界核能发展不可或缺的一部分。

在核能领域中，核安全一直是核工业界发展的第一要素，自日本福岛核事故发生后，核安全意识再一次被高度重视。2011年的福岛核事故暴露了二氧化铀核燃料锆合金包壳系统在抵抗严重事故工况下性能的不足，在事故发生后研究者查找并分析事故原因及材料失效问题时，核电业内人士提出了事故容错燃料（accident-tolerant fuel，ATF）的远景规划（Zinkle et al.，2014；Farmer et al.，2014；Ott，Robb，and Wang，2014；Masaki，2016；Ye，2016）。此概念的提出旨在覆盖整个设计的基础事故和超出基础设计（beyond design basis，BDB）的事故，即在发生事故时的相对较长时间内包壳材料至少可以与核燃料保持一定的稳定性并维持正常工作。这要求ATF与传统的二氧化铀燃料锆合金包壳系统相比，能够大幅度降低事故时堆内的温度以及放射性物质的释放（Alekseev et al.，2014；Andersson et al.，2019）。另外，壁材料需要有延缓甚至阻碍与水发生反应的能力。ATF要以改善核燃料元件燃料芯块或包壳材料性能为出发点，把提高核燃料元件抵抗事故的能力作为最终目标，设计出具有强抗氧化性、良好导热性能和高辐照力学稳定性的新型核燃料系统。ATF是福岛核事故后国内外核燃料革新性发展的主要思路。核工业界希望ATF能够大幅提高核电厂对严重事故的抵抗能力，并有助于简化大型商用压水堆安全及辅助系统，从而进一步加强核电站的安全性，降低经济成本。ATF研发符合核燃料不断提高安全性与经济性的趋势。美、法、韩、日等国家已将ATF列入政府新一代先进燃料研发计划，经济合作与发展组织核能机构（OECD/NEA）、国际原子能机构（IAEA）也组织启动了相关专项研究。美国能源部于2011年提出推动美国核工业在十年内分三个阶段开发出适用于现役反应堆和将投入运营的三代反应堆的ATF，并计划十年后在商用电站中完成一种以上的新型燃料示范入堆，并证明其在正常和事故工况下具有更好的可靠性、安全性。在国内，2013年国家核安全局曾在《核安全与放射性污染防治"十二五"规划及2020年远景目标》中提出，共同努力，做好从设计上设计出一定的处理放射性物质的实施方案的可能性，并确立了我国未来核电发展的安全标准，为核电发展指明了方向。研发耐事故燃料正是核燃料领域对《核安全规划》所提出目标的积极响应。相比于标准的UO_2-Zr合金燃料，研发具备更加优良的堆内综合运行性能、在事故工况情况下提供更好的安全性能，同时兼顾商用运行经济性的新型燃料，是未来燃料发展的主要趋势和重要研发方向。

ATFs系统化的研发是我国与国际先进燃料技术同步发展，并且力争超越的最佳契机。新型核燃料的研发往往是一个复杂而又漫长的过程，过去的研发经验表明可能需要二十年以上的时间才能将其真正投入工程化应用。新型核燃料研发周期长、成本高、风险大的特点严重阻碍了 ATFs 系统的升级。现阶段 ATF 燃料面临多种备选技术路线，目前人们提出的备选材料主要有 Zr 合金的改性，Fe–Cr–Al，SiC 以及层状结构的包壳材料，UO_2 改性，U–Mo，U–Si 体系等核燃料（Alekseev et al.，2014；Andersson et al.，2019）。其中，三元层状化合物 MAX 相（Barsoum，2000）因同时具有金属和陶瓷的优异性质而得到广泛关注。三元层状陶瓷 MAX 相是一类新型的类金属陶瓷材料，研究结果表明 MAX 相表现出良好的耐辐照损伤性能。一系列优异的性能使其在高温的核能领域展现出突出的优势。这类材料由 M 与 X 原子构成的单元层和 A 位原子层周期性地交叠组成密排六方的晶格结构。在中子、离子辐照实验过程中，人们发现 MAX 相材料在辐照相变过程中先后经历了从反位缺陷的形成、完全化学无序过程到堆垛层错的形成和从三元 HCP 相向三元 fcc 相转变直至最后非晶化的过程。在这一过程中，MAX 相材料表现出了非常高的抗辐照导致非晶化的能力，而且在高温辐照条件下，高能粒子在材料内部造成的辐照损伤缺陷能够得到很好的恢复，在高温条件下材料中绝大部分辐照导致的结构缺陷也消失了。这表明 MAX 相材料不仅在高温下具有良好的缺陷恢复能力，还说明其在高温下能够保持很好的力学性能。

三元层状材料除了具有十分优异的抗辐照损伤能力之外，还具有较强的容纳氦元素、抑制氦泡长大的能力。由于氦元素是反应堆内部中子与材料原子相互作用发生核反应而产生的一种十分普遍的嬗变元素，并且由于它在材料中具有十分低的溶解度和迁移能，与位错、晶界、缺陷团簇等类型的缺陷具有较高的结合能而导致其非常容易在这些缺陷处发生聚集，并长大形成大体积的氦泡，这些大体积的氦泡将使材料发生严重的氦脆现象。因此，具有较高非晶化阈值和较强抑制氦泡能力的 MAX 相材料在反应堆内部高温高压强辐照的环境下具有较好的应用前景。

然而，基于上述集良好的耐辐照性能和较强容纳氦泡能力的三元层状过渡金属碳化物及其二维衍生物的研究中，金属元素仍然局限于前过渡金属，对于含镧系和锕系金属的类似层状结构材料的研究还鲜有报道。要知道，无论是在核工业的“前端循环”（包括从铀矿开采、铀的提取、燃料元件制造等）中还是在“后端循环”（主要指乏核燃料后处理）中，镧锕系化合物都充当着主要角色。因此，本书采用国际研发核能的模式，从理论上率先进行含有锕系、镧系金属层状结构材料的基础性预测，以期为缩短 ATFs 系统研发周期、降低实验风险和成本做出一定贡献。

1.2　三元层状材料研究进展

1.2.1　三元层状材料的结构

在三元层状材料中，一类被称作 MAX 相的材料因兼具金属和陶瓷的优异性能而备受科研学者的关注。例如，早在 20 世纪 70 年代，Nowotny（1971）就曾报道，大多数 211 相（例如，Ti_2AlC 简称为 H- 相）和两个 312 相（即 Ti_3SiC_2 和 Ti_3GeC_2）也是在那时在奥地利维也纳发现的。而后，人们又在 20 世纪 80 年代发现了 Ti_3AlC_2（Schuster and Nowotny，1980）。随后，这些结构或多或少也在文献中被提到，但是并没有引起研究学者的兴趣。直到2000年，Barsoum（2000）发表了一篇关于这类三元层状结构MAX相材料的详细介绍综述，表明大多数MAX相具有金属和陶瓷组合性能。其中，有些是轻质、坚硬，是良好的导电和导热导体，可加工，并且具有高抗热冲击和抗氧化性。后来，他还发现了n=3（或413）相Ti_4AlN_3，于是将这些相标记为$M_{n+1}AX_n$或MAX。这才引起了广大学术界对MAX相的研究兴趣，因此，这类有趣的三元层状材料的性能与应用的挖掘速度才有了较大的提高。

1. **传统MAX相**

MAX相材料是一类归属于$P6_3/mmc$空间群，空间群号为194的六方晶体结构。MAX有其通用的表达式，即$M_{n+1}AX_n$，在这类三元层状结构中的金属原子M目前被报道的都是如Ti、Zr、Hf、V、Nb、Ta、W、Cr和Mo等前过渡金属；中间层A位原子目前有Al、Si、Ga、Ge、P、As、Sn、Pb、Cu、Zn和Au等；X为碳或/和氮，n=1～4（当n=1时，简称为211相；当n=2时，简称为312相；当n=3时，简称为413相；当n=4时，简称为514相）。这些相的特征是既有金属的性质，又有陶瓷的性质。事实上，这些相是MXenes的前驱体，并且使学者对MXenes应用的兴趣急剧增加，使MAX相更有价值。目前文献已经报道约155种MAX组合物。这种结构的微观原子排列为碳化物层（TC）与A位原子层交替堆叠排列，如Ti_3SiC_2相是由Ti_3C_2层与Si原子层交替堆叠组成的层状结构，这类材料的层状结构是由原子之间通过特定的结合键进行连接而形成的天然层状结构。目前近

155 种 MAX 相结构被报道，其材料体系的组成元素在元素周期表中的位置如图 1–1 所示（其中 M 位元素从 Ti、V、Cr 等前过渡族金属元素拓展到了 Lu 等稀土元素，A 位元素也从熟知的第Ⅲ A 族和第Ⅳ A 族元素扩展到了 Au、Ir 等元素）。它们不仅结合了陶瓷材料耐高温抗氧化的性能，还具有金属材料所特有的延展性和抗热震性等（Sokol et al.，2019）。

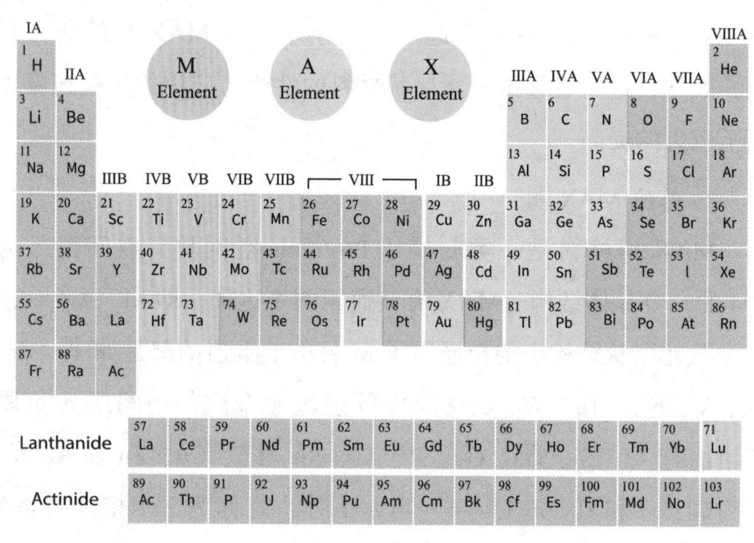

图 1–1　已有的 MAX 相结构在元素周期表中的位置

目前，这些相已囊括 16 种 A 元素和 14 种 M 元素。最近发现的四相和非平面有序 MAX 相为更多的发现打开了大门。MAX 相的化学多样性是最终优化预期应用性能的关键。由于许多较新的四相和更高级相尚未定型，因此仍有许多工作要做。MAX 相与金属一样，它们易于加工（手动锯板即可）。它们都是金属类导体（电阻率范围为 0.07 ～ 2 mV_m），因为费米能级的状态密度是实质性的并且由 M 元素的 d' 轨道支配。在某些情况下，它们的电导率高于它们的纯 M 元素。它们能在压缩下通过 ripplocation（一种固体中的通用变形机制）成核变形，这反过来导致扭结带形成，然而它们也相对柔软（维氏硬度值范围从 1.4 ～ 8 GPa），耐损坏。它们都是可以导热的，因为它们都是导体，室温下的电导率范围为 12 ～ 60 $WK^{-1}m^{-1}$。前述这些属性适用于所有 MAX 相材料。

对于质量较轻、材质较为坚硬的 Ti_3SiC_2、Ti_3AlC_2、Ti_2AlC 和 Cr_2AlC 等 MAX 相，当杨氏模量在 300 GPa 左右内且密度在 4 ～ 5 g/cm^3 时，它们的刚度值显著高于 Ti 金属并且更接近 Si_3N_4。对于抗疲劳性，它们的断裂韧性范围为 10 ～ 15 MPa，当然，它们的性能取决于显微组织。对于高温应用，最具吸引力的是含 Al 的 MAX 相（即 Ti_2AlC 和 Cr_2AlC），它们的抗氧化性高达 1 400 ℃，因为它们可以形成缓慢生长的保护性氧化铝（Al_2O_3）层。Ti_2AlC 的另一个优点是其热膨胀系数接近于 a-Al_2O，能保持良好的黏附性并能防止热循环时热应力引起的剥落。因为这些独特的性能，MAX 相被考虑用于保护涂层和高温结构应用。在中国，MAX 阶段已被用作高速列车的受电弓材料。推动科研学者对 MAX 相的研究兴趣提升的另一个原因是，它们是 MXenes 的前体，是二维（2D）对应物，这种 MXenes 是导电的和亲水的，并且正在考虑用于大量应用中。关于其二维衍生物 MXenes 材料，本书将在下一节进行详细介绍。

2. 混合 MAX 相

除了传统的 MAX 相之外，还存在混合结构。Palmquist

等（2004）在2004年报道了第一个杂交阶段（$Ti_5Si_2C_3$ 和 $Ti_7Si_2C_5$）。这些相可以描述为传统MAX相的半单元的组合。例如，523相可以认为是由312相和211相的两个半单元相组成的。同理，725相是由312相和413相的两个半单元相组成的混合结构，在A层之间具有交替的三个和四个碳化物层。直到最近，这些混合MAX相才被认为是亚稳态的，并且仅能在薄膜中观察到。随后，通过在Ar气氛中1 500 ℃下将多孔 Ti_2AlC 样品退火8 h，制备了具有三角结构的523大块样品。另一组实验报告了相同的MAX阶段，通过反应热压混合了元素粉末。

2011年和2012年，德雷塞尔大学Yury等发现了一大批新的2D过渡金属碳化物和氮化物（MXene）。MXenes之所以被称为MXene是因为它们是通过从MAX对应物中选择性蚀刻A元素（主要是Al）而产生的，并且添加了“ene”后缀以与石墨烯和其他2D材料连接。在此期间，已有研究者合成并表征了许多新的固溶MAX组合物。2014年底，已知的所有MAX阶段由*M*个和/或*X*个位置的单个M元素或随机固溶季铵盐组成。2014年，报道了第一个化学有序的四元312MAX相。此后不久，Deysher等证实了其他有序阶段的存在（所谓的o-MAX用于平面外有序）并扩展到413组成（Deysher et al.，2020）。

所有三元MAX相均以六方结构结晶，并且具有 $P6_3/mmc$ 对称性和每单元的两个组合单元。它们由与A元素层（例如，Si或Ge）交错的边缘共享八面体“M_6X”（例如，Ti_6C）组成。这些八面体与岩盐二元碳化物和氮化物相同。各个相（211、312和413）之间的区别在于分离A层的不同数量的M层。在312

和 413 结构中，存在两个不同的 M 位点，即与 A 相邻的那些和与 X 相邻的那些，分别称为 M Ⅰ和 M Ⅱ。在 413 结构中，存在两个非等价 X 位点，X Ⅰ与 M Ⅰ键合，X Ⅱ与 M Ⅱ键合。MX 层相互孪生，并由作为镜面的 A 层分开。应该注意，在 MAX 相中的 *n* 的值可以高于 3，如形成 514 相，并且更高。然而，这些相只有少数例子，如 Ta_6AlC_5、Ti_7SnC_6。并且迄今为止没有以纯的形式合成，因此仍未表征。然而，随着 *n* 的增加，这些相的性质会越接近它们相应的二元碳化物或氮化物的性质。

3. 固溶 MAX 相

固溶 MAX 相（Sokol et al.，2019）可以在 M、A 或 X 位点用固体溶液合成。该合成方法大大增加了它们的化学多功能性，且它们的合成在最近的工作中得到进一步优化。例如，在 Cr_2AlC、Cr_2GaC、Cr_2GeC 和 V_2AlC 中加入少量 Fe 和 Mn 可以使其具有磁性。又如，微波合成可用于合成（$V_{1-x}Fe_x$）$_2AlC$。这种新颖的处理方法也许可以应用于合并其他新元素。反过来，这些发展可能是合成磁性 MXenes 的理想前驱体。此外，在（$Cr_{1-x}Mn_x$）$_2AuC$、Cr_2（$Al_{0.42}Bi_{0.58}$）C 和 Ti_3（$Al_{1-x}Cu_x$）C_2 中加入元素 Au、Bi 和 Cu，可以分别形成一些最新的元素。特别是，Cu 掺入 Ti_3AlC_2 中可导致其从六边形 $P6_3/mmc$ 到单斜晶 C2/c 空间群的对称性减少。对于面内“有序”固溶体（$Mo_{2/3}Sc_{1/3}$）$_2AlC$、（$V_{2/3}Zr_{1/3}$）$_2AlC$、（$Mo_{2/3}Y_{1/3}$）$_2AlC$、（$W_{2/3}Sc_{1/3}$）$_2AlC$ 也观察到状层结构以及（$Cr_{2/3}Y_{1/3}$）$_2$AlCi-MAX 相。

较新的混合 523 型（$V_{0.5}Cr_{0.5}$）$_5Al_2C_3$ 和高阶 514 型（$Ti_{0.5}Nb_{0.5}$）$_5AlC_4$ 的发现也代表了新的 MAX 相。在（$Ti_{0.95}Zr_{0.05}$）$_3$（$Si_{0.9}Al_{0.1}$）

C_2 中还存在 M 和 A 位点上有五种元素的更复杂的相，而且在（$Zr_{0.8}Nb_{0.2}$）$_2$（$Al_{0.5}Sn_{0.5}$）C 体系中也有类似的相。

4. 有序 MAX 相

（1）平面外有序 MAX 相。

平面外有序四元 MAX 相，缩写为 o-MAX，是 2014 年对该系列的补充。通式为（M0，M00）$_{n+1}$AlC$_n$，其中 M0 和 M00 表示早期过渡金属，n 为 2 或 3。o-MAX 名称源自 M 层的唯一排序，使两个 M0 层在每个 M-X 块中夹住一层或两层 M00。与它们的三元对应物一样，o-MAX 晶体结构为六角形（$P6_3/mmc$）。在 413o-MAX 相中，M0 原子占据两个 4eWyckoff 位置，而内部 M00 原子占据两个 4fWyckoff 位置。相比之下，在 312o-MAX 相中，外部 M0 和内部 M00 原子分别占据两个 4fWyckoff 和一个 2aWyckoff 位置。C 原子位于 M0 和 M00 层之间，使 M00 原子被 FCC（面心立方）排列中的 C 原子包围。

Liu 等（2014）发现了第一个 o-MAX，他们通过在 Ar 气氛中 1 500 ℃下加热 1 ∶ 1M 的 Cr_2AlC 相和 TiC 的混合物成功合成了（$Cr_{2/3}Ti_{1/3}$）$_3$AlC$_2$。理想情况下，外部 M0 层由 Cr 原子组成，而内部 M00 层由 Ti 原子组成。虽然 Liu 等没有报告每层的有序度，但基于后面讨论的其他 o-MAX 阶段的工作，可以合理地假设一些 Cr 原子占据 Ti 位置，反之亦然。

Deysher 等（2020）合成了两个新的 o-MAX 相:（$Cr_{0.5}V_{0.5}$）$_3$AlC$_2$ 和（$Cr_{0.5}V_{0.5}$）$_4$AlC$_3$。这是关于成功合成 413o-MAX 相的第一篇报道。在这种情况下，Cr 原子占据外部 M0 层，而 V 原子占据内部 M00 层。他们还发现 312 结构中的 V 层是 100% 有序的，

而 Cr 层由大约 25% 的 V 原子组成。在 413 结构中，内部 M00 层由 80%V 和 20%Cr 组成，而 M0 层为 70%Cr，其余为 V。这些 MAX 相通过混合和加热它们的元素前躯体来合成。尽管在前躯体混合物中加入了一定化学计量的 C，但在这些相中也发现了大量 C 空位的现象。在其他高 MAX 相（n>3）中也可以通过表征手段观察这种现象，并且认为 C 空位有助于维持 MAX 结构。

如前面所述，有多个 M 元素可以占用 M 站点，甚至可以占用 A 站点。但是，并非所有 M 和 A 元素的组合都可以合成。例如，Ti、V、Nb、Cr 和 Ta 被认为是在 MAX 相中与 Al 键合的唯一元素。2015 年，Anasori 等人发现了具有 Mo–Al 键的两个新的 MAX 相（即 Mo_2TiAlC_2 和 $Mo_2Ti_2AlC_3$）。还发现这些相是有序的，其中 Mo 位点主要占据外部 M0 层,Ti 原子占据内部 M00 层。基于 Rietveld 对 X 射线衍射图的分析，可以得出结论，在 312 结构中，M0 层由 75% 的 Mo 和 25% 的 Ti 组成，而内部 M00 层仅由 Ti 占据。在 413 结构中，发现 M0 层为 77% 的 Mo 和 23% 的 Ti，而内部 M00 层为 86% 的 Mo 和 14% 的 Ti。这些比率接近 Deysher 等（2020）报道的比率，也说明随着 n 从 2 增加到 3（即从 312 到 413 结构），外部 M0 层中 M00 原子的占比略有增加。与 312 相相比，413 相中 M00 层的占比减少了。值得注意的是，这些趋势与密度泛函理论（DFT）的计算结果吻合良好。为了合成 Mo_2TiAlC_2 和 $Mo_2Ti_2AlC_3$，可将元素前躯体混合并在 Ar 气氛中 1 600 ℃下退火 4 h 获得。

最近，Meshkian 等（2017）合成了 o-MAX 相 Mo_2ScAlC_2。在该相中，外部 M0 层由 Mo 原子组成，而内部 M00 层主要由

Sc 占据。这种 Mo–Sc–Al–C 体系是独一无二的，因为通过控制起始前驱体的比例，人们还可以合成 MAX 相，它们具有完全不同类型的有序和晶体结构。迄今为止，仅成功合成了 6 个 o–MAX 相（Sokol et al.，2019）。所有这些都在 A 层中具有 Al 并且在 X 层中具有 C。除了导电性，结构表征以及它们对于一些蚀刻成 MXenes 的能力之外，还没有测量到其他性能。因此，研究者需要做更多的工作来了解固有化学顺序对这些 MAX 相的整体性质的影响。密度泛函理论研究预测可以计算出可能存在更多类似 MAX 相结构的构型，因此研究者需要在实验上更加努力地去尝试并合成这些新型结构。

o–MAX 相的存在是重要的，因为它们可以合成具有表面功能化官能团的 MXenes，如（$Cr_{2/3}Ti_{1/3}$）$_3AlC_2$。在 MXene 系列中，因为 Cr_2AlC 在蚀刻时会完全溶解，所以在外层中不可能含有 Cr 的 2D 薄片。相比之下，通过蚀刻（$Cr_{2/3}Ti_{1/3}$）$_3AlC_2$o–MAX 相，其相应的 Cr 基二维碳化物基 2D 薄片则易于获得。

（2）面内有序 MAX 相。

Tao 等（2019）的研究表明，通过成功合成（$Mo_{2/3}Sc_{1/3}$）$_2AlC$ 相，在 211 结构中也可以进行排序。与 o–MAX 阶段不同的是，此处的顺序在 M 层内。他们将这些 MAX 阶段标记为 i–MAX，其中“i”表示面内排序。迄今报道的 i–MAX 相在 C2/ c 单斜晶或 Cmcm 斜方晶结构中结晶。（$Mo_{2/3}Sc_{1/3}$）$_2AlC$ 是 MAX 相的第一个例子，其对称性不是 $P6_3/mmc$。i–MAX 的化学式与 o–MAX 相的化学式相似，但由于 n=1，它们最好描述为（$M0_{2/3}$，$M00_{1/3}$）$_2AlC$，其中 M0 ： M00 恒为 2。在这些相中，M0 原子排列成六边形，M00 原子位于六边形的中心。Al 原子排列在类似 Kagome 的晶格中。在 C2/c 空间群中，M0 和 M00 都占据 8fWyckoff 位点，而 Al 原子部分占据 4eWyckoff 和 8fWyckoff 位点，C 原子部分占据 4dWyckoff 和 8fWyckoff 位点。在 Cmcm 空间群中，M0 原子占据 16hWyckoff 位置，而 M00 原子占据 8fWyckoff 位置，Al 占据 8gWyckoff 和 4cWyckoff 位置，C 占据 4bWyckoff 和 8eWyckoff 位置。

Dahlqvist 等（2017）发现了两种新的 i-MAX 相，即（$V_{2/3}Zr_{1/3}$）$_2$AlC 和（$Mo_{2/3}Y_{1/3}$）$_2$AlC。（$V_{2/3}Zr_{1/3}$）$_2$AlC 是通过将化学计量的元素粉前躯体混合并加热至 1 500 ℃持续 20 h 获得的，而（$Mo_{2/3}Y_{1/3}$）$_2$AlC 是通过将化学计量的元素粉前躯体混合并加热至 1 600 ℃持续 10 h 获得的。最近，他们又发现了 i-MAX 相（$Mo_{2/3}Y_{1/3}$）$_2$GaC 和（$Mo_{2/3}Sc_{1/3}$）$_2$GaC。对于这些含 Ga 相的合成，主要是将 Mo、Sc 或 Y 和 C 的元素粉末与 Ga 喷射以 4 ∶ 2 ∶ 3 ∶ 3 的摩尔比混合，并在含有 Sc 的混合物中于 1 400 ℃下加热。这是关于有序 MAX 阶段的第一篇报道，A 位元素由 Ga 替换了传统的 Al。

Meshkian 等（2017）合成了第一个含 W 的 i-MAX 相，即（$W_{2/3}Sc_{1/3}$）$_2$AlC 和（$W_{2/3}Y_{1/3}$）$_2$AlC。与其他 i-MAX 相类似，其也是通过混合化学计量比的元素前躯体并在惰性气体中在 1 450 ℃下加热 2 h 来合成。

Lu 等（2017）发现了两个 i-MAX 相：（$Cr_{2/3}Sc_{1/3}$）$_2$AlC 和（$Cr_{2/3}Y_{1/3}$）$_2$AlC。其中，（$Cr_{2/3}Sc_{1/3}$）$_2$AlC 在 C2/c 单斜晶结构中结晶，另一种在 Cmcm 斜方晶结构中结晶。此外，在

$(Cr_{2/3}Sc_{1/3})_2AlC$ 样品中，多数相具有 C2/c 的对称性，而少数相的对称性为 Cmcm。虽然目前还不清楚是什么决定了晶体的对称性，但在 DFT 计算中，两种结构在能量上几乎相等。

Dahlqvist 等（2017）也发现了 Sc 或 Y 不是形成 iMAX 相所必需的。于是，他们合成了 $(V_{2/3}Zr_{1/3})_2AlC$，其中 M0 位点被 V 原子占据，M00 被 Zr 原子占据。与大多数 i-MAX 相一样，该相具有 C2/c 单斜晶系结构。与 $(V_{2/3}Zr_{1/3})$ AlC 类似，Chen 等（2017）合成了 $(Cr_{2/3}Zr_{1/3})_2AlC$，进一步扩展了 i-MAX 相的化学范围。这些含 Zr 的 i-MAX 相的合成与前面讨论的类似，$(Cr_{2/3}Zr_{1/3})_2AlC$ 的 Zr 源是 ZrH_2 而不是元素 Zr，而 Zr 被用作 $(V_{2/3}Zr_{1/3})_2AlC$ 相的前驱体。一般来说，在可能的情况下，最好先用金属氢化物粉末而不是元素粉末。

到目前为止，共有 31 个 i-MAX 相被报道，而且全部都是由同一研究小组所合成发现的。然而，迄今为止，还没有合成出有足够高的纯度的 i-MAX 的大量样品，因此没有系统的统一表征特性。值得一提的是，大多数含有 i-MAX 的 Sc 和 Y 已成功蚀刻出二维碳化物 MXenes。

此外，还有一种被总结为通用式为 $(MC)_n(Al_3C_2)$ 或 $(MC)_nAl_4C_3$ 的层状结构（Zhou et al.，2013），在这类结构中，使用前过渡金属锆、铪、钪等较容易形成，n 的取值为正整数。这类层状材料和 MAX 相材料同属于 $P6_3/mmc$ 空间群结构，因此这类层状碳化物也加入庞大的 MAX 相材料家族。这类材料的亚层部分中也有碳化物层，而与 MAX 相材料不同的是，组成这类材料的亚层是由亚纳米至纳米量级的碳化物层以面心立方排布的过渡金属碳化物片层和 Al_4C_3 结构的 Al_3C_2/Al_4C_3 单元有规律地层层堆垛而成的。例如，$HF_3Al_3C_5$ 是以（HFC）$_3$ 和 Al_3C_2 层交替堆叠组合而成的六方密堆晶格结构，在 C 轴方向上的晶格长度为 2.67 nm。不同于磁控溅射制备而得到的多层膜结构，这类周期为纳米量级的多层膜结构具有更加精密的原子排列，亚层与亚层结构之间的原子失配度很小，而且具有一定的化学键连接而成，材料硬度较高，亚层内部与亚层之间具有不同强度和类型的化学键结构，因此表现出了包括热学、电学、力学等性能方面的特异性。根据周洁（2017）的研究可知，目前所发现并报道的这种层状结构，其中心金属原子主要以锆、铪、钪、钇为主。这种层状碳化物材料不仅拥有和 MAX 相材料同样的层状结构，而且其比 MAX 相材料具有更高的熔点、更优秀的高温热学性能和高温抗氧化性能。可以说，这类层状材料既拥有传统 MAX 相材料的优异性能又超越且丰富了 MAX 相家族的组成，因而受到了越来越多的关注，尤其是在高温应用领域。

Aryal 等（2014）在第一性原理结合材料基因组方法研究基础上，根据力学稳定性预测了 665 种可能存在的 $M_{n+1}AX_n$，其中 M=Sc、Ti、Zr、Hf、V、Nb、Ta、Cr、Mo，A=Al、Ga、In、Tl、Si、Ge、Sn、Pb、P、As、S，X=C、N，n=1 ～ 4。本书结合数据挖掘方法，分别从力学常数和电子结构以及两者之间的关系并为读者阐述了实验中还没有合成出来的三元层状结构可以稳定存在的依据，同时预测未发现的新结构会随着 n 值的增加而出现一些独特的性能，其中 Sc 基三元层状碳化物与其他八种 M 金属相比，它是十分特殊的一类，这预示着包含 Sc 系的其他稀土元素一旦引入这类三元层状结构材料中也会表现出与传统的层状结构不同的性能。这种第一性原理计算与材料基因组思想和大数据方法三者的紧密结合不仅为实验合成指明了方向，也从浩瀚的结构材料中挖掘出了有趣且值得研究的结构。

1.2.2　三元层状材料的耐辐照性能的研究进展

具有强抗氧化性、良好导热性能和高辐照力学稳定性的新型核燃料系统，是工业界所期望的目标。在三元层状 MAX 相材料中，其 A 位原子，如铝和硅等在高温条件下形成其对应的氧化物，这种致密的氧化物薄膜紧紧将材料保护起来，避免了材料被高温所氧化。因此，研究者已确定三元层状材料的抗氧化性。然而，对于其抗辐照性能的评估还不多，因此下面主要从实验和理论两方面阐述三元层状结构的耐辐照性能进展情况。

材料抗辐照能力的强弱是影响这些先进核能系统能否进行长期安全工作的重要因素之一，也是目前新堆设计选型和服役堆型延寿服役的重要理论依据。在反应堆内部强辐照场下，高能粒子不但会碰撞材料的晶格原子，打乱材料晶格原子的排列，产生自间隙子与空位等类型的点缺陷，这些点缺陷经过一系列的演化将最终形成孔洞、析出相、位错环等体积较大的缺陷结构（Jin et al.，2013；Sencer et al.，2002），而且强流中子辐照材料发生的嬗变核反应将产生大量的 H、He 等气体原子，这些气体原子非常容易在位错、晶界、析出相表面等缺陷处聚集形成气泡。最终这些缺陷结构与气泡将使材料发生肿胀、脆裂、蠕变等性能恶化的现象，大大缩短材料在反应堆内部服役的期限（Trinkaus and

Singh，2003）。为了考察这种 MAX 相材料是否具备事故容错燃料（ATF）的要求，国际学术界展开了对这种材料服役环境中性能的探究。

典型的三元层状 MAX 相材料代表钛系中的 211 和 312 相具有良好的耐辐照损伤性能，中子嬗变分析显示 MAX 相（Ti_2SiC_2、Ti_3AlC_2 和 Ti_2AlC）在热中子和快中子谱曝光 10 年、30 年、60 年后的比活性与 SiC 相近，如图 1-2 和图 1-3 所示，比固溶强化镍合金 Alloy617 低 3 个数量级，且该数据与其中子辐照结果一致（Hoffman，2012）。

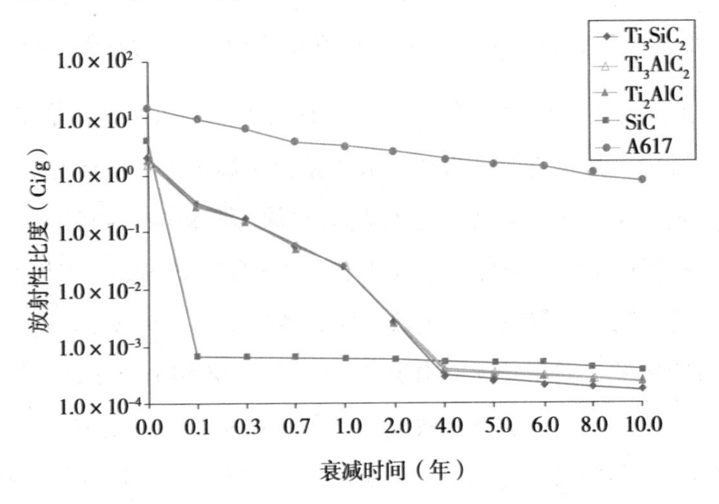

图 1-2　MAX 相、SiC 和 A617 快中子辐照 10 年后的放射性衰变图

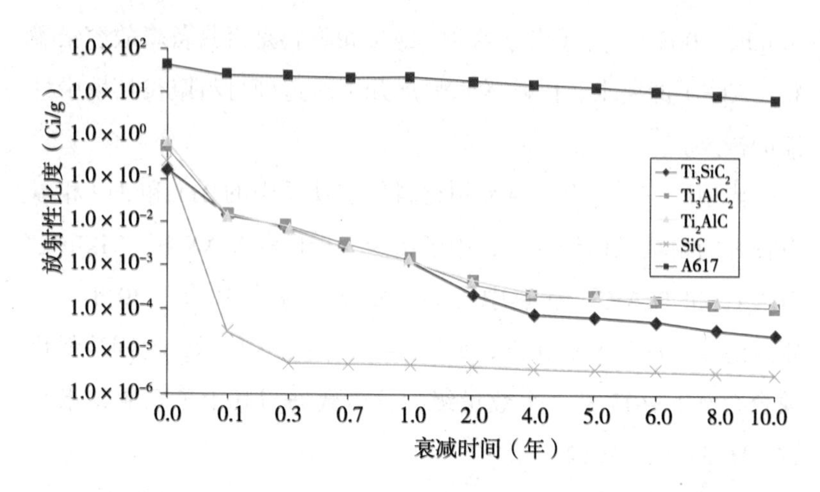

图 1–3　MAX 相、SiC 和 A617 热中子辐照 10 年后的放射性衰变图

Nappé 等（2009）最早开展了 Ti_3SiC_2 材料在室温下的辐照损伤行为。其采用的是将试样放于重离子轰击下进行研究表征，这种重离子轰击手段免去了样品活化的不利影响，同时能很好地模拟服役条件下裂变产物以及中子等作用于材料的真实相互作用。研究原子核与电子两重效应时，他们采用 4 MeV Au 离子模拟低能辐照，获得原子核作用效应；采用 90 MeV Xe 离子模拟高能辐照，研究电子作用效应。两种辐照实验均采用 10^{12} cm^{-2}、10^{13} cm^{-2}、10^{14} cm^{-2}、10^{15} cm^{-2} 四个剂量。结果表明，低能辐照实验中，原子核作用效应使 Ti_3SiC_2 材料表面 500 nm 厚的区域受损。当剂量达到 10^{15} cm^{-2} 时，晶界蚀刻现象显著。他们认为相对于晶粒内的原子，晶界处的原子具有较低的位错阈值，因而造成了选择性溅射。他们利用 AFM 观察到了 Ti_3SiC_2 样品表面出现了蚀刻现象，并认为这是随 Ti_3SiC_2 材料微晶取向变化造成的选择性溅射的结果。Ti_3SiC_2 六方密堆积结构的基面垂直于离子束的入

射方向，因而会降低晶格内的离子隧穿效应，使溅射产额增加。即随着微晶取向的不同，溅射产额也会发生相应的变化，最终导致选择性溅射的微观结构。掠角衍射的结果表明，当辐照剂量达到 10^{14} cm^{-2} 时，三个组成相的峰强度均下降，背底升高，如图 1–4 所示。可能的原因是原子核碰撞导致的部分非晶，这些现象在 SiC 及其他氧化物陶瓷的辐照行为研究中也经常出现（Audren et al.，2007；Sun，2011）。

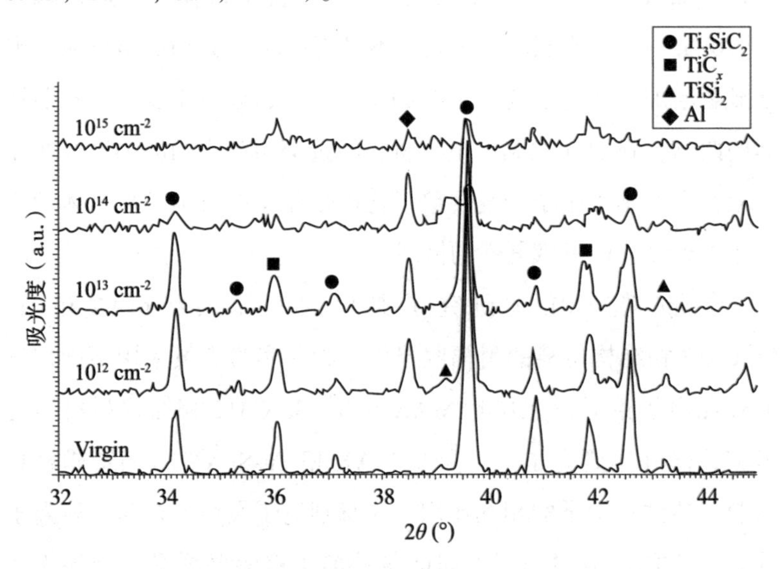

图 1–4　4 MeV Au 离子辐照后 Ti_3SiC_2 样品的 XRD 图

高能量 Xe 离子辐照实验中，电子作用使 Ti_3SiC_2 表面 5 μm 区域受损。当 Xe 离子剂量达到 10^{15} cm 时，材料中不同物相表现出不同的辐照行为，Ti_3SiC_2 相产生了表面蚀刻效应，AFM 结果表明 Ti_3SiC_2 相表面产生很多直径为 50 ～ 100 nm，高度约为 10 nm，密度为（1.0 ～ 1.5）× 10^{10} cm^{-2} 的凸起。

Liu 等（2010）利用纳米压痕技术研究了 Ti_3（Si，Al）C_2（$Ti_3Si_{0.95}Al_{0.05}C_2$ 和 $Ti_3Si_{0.90}Al_{0.10}C_2$）材料，并将材料置于室温 300 ℃、500 ℃条件下进行了考察。SRIM（stopping and range of ions in matter）软件模拟计算的结果及截面微观观察结果表明损伤层厚度约为 8 μm，实验结果表明 Ti_3（Si，Al）C_2 材料的硬度与辐照剂量、辐照温度有较强的对应关系，Xe 和 Kr 离子辐照下，样品硬度的演变规律大致相同。室温下，在离子剂量低于 $1\times10^{17}\ m^{-2}$ 时，辐照后硬度增加不显著；高于 $1\times10^{17}\ m^{-2}$ 时，硬度显著增加。在离子剂量为 $1\times10^{19}\ m^{-2}$ 时，硬度至少为未辐照样品的两倍。在 800 ℃温度下，材料经过辐照产生的缺陷已经在一定程度上基本发生了恢复现象，这也是晶体材料本身从晶体到非晶化再到晶化的可恢复性的体现。

Nappé 等（2011）研究了典型的三元层状 MAX 相 Ti-Si-C312 相结构材料的耐辐照损伤行为。实验人员采用不同剂量的辐照离子束对三元层状 MAX 相 Ti-Si-C312 相结构材料进行考察，此外还研究了三元层状 MAX 相 Ti-Si-C312 相结构材料与服役条件下中子的相互作用，为辨别电子及原子核与入射离子的相互作用，他们采用不同能量的离子束辐照样品。结果表明 Ti_3SiC_2 材料对电子碰撞效应不敏感，而原子核碰撞效应则明显损伤其微观结构，未观察到非晶化现象；辐照过程中材料内部发生的弹性碰撞加速了三元层状 MAX 相 Ti-Si-C312 相结构材料内部产生缺陷，这些微观缺陷的形成降低了材料内部位错的可移动性，也导致了材料硬度的增加。同时，弹性碰撞在一定程度上破坏了材料本征的纳米片层结构，从而增加了其脆性。另外，原子核作用效应使材料晶格常数产生各向异性变化，晶格常数 a 减小，而晶格常数 c 增大，单胞体积增大，微观应力增大。高温下辐照能显著降低原子核碰撞效应产生的损伤。因为辐照缺陷的形成是一种非热现象，并且该现象的发生可以显著提高服役条件的实验操作温度；也能在一定程度上使三元层状 MAX 相 Ti-Si-C312 相结构材料中的元素扩散速度提高。因此，降低了弹性原子核碰撞效应。与未参加辐照的原始样品相比，在 1 223 K 条件下接受辐照的样品几乎观察不到损伤，这也证明了 Ti_3SiC_2 可作为潜在的燃料包壳材料。

之后，Nappé 等（2012）又考察了三元层状 MAX 相 Ti-Si-C312 复合材料在离子束剂量为 1 019 cm^{-2} 条件下的辐照行为研究，此研究使用的是 92 MeV Xe 离子。辐照后研究人员在试样表面首次发现了较为明显的改性现象。如图 1-5 所示，辐照后对应于 Ti_3SiC_2 相的区域表面形貌明显改变，有大量山丘状凸起生成；其中在 TiC 相表面可以清晰地观察到凹凸不平的鼓包，但是在 $TiSi_2$ 相表面，其仍然较为完整平滑。对辐照前后的样品进行 X-TEM 表征的结果表明，辐照前样品表面存在约 3 nm 厚的非晶态氧化物层（主要为 TiO_2 和 SiO_2），随着离子的不断注入，电子碰撞效应导致氧化层内部的吸附氧扩散至 Ti_3SiC_2/ 氧化层界面处，使 Ti_3SiC_2 相的表面进一步氧化，氧化层的厚度不断增长，辐照后约为 10 nm 厚，并形成大量山丘状的凸起。

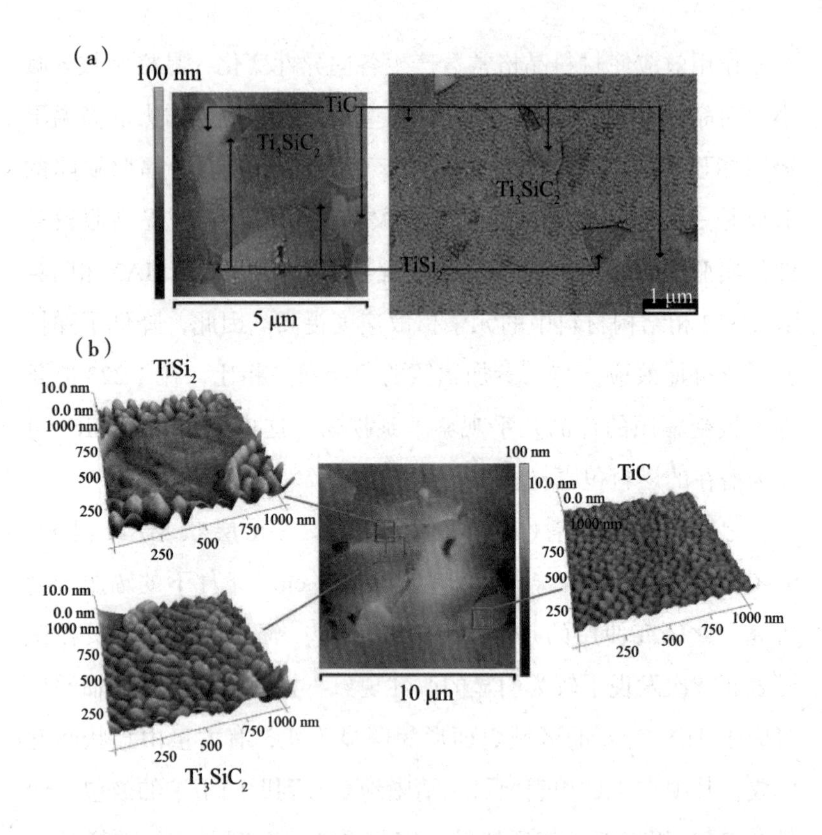

图 1-5　92 MeV Xe（剂量：1E19m^{-2}）离子辐照后 Ti_3SiC_2 样品的 AFM 及 SEM 图

Whittle 等（2009）研究了在 1 MeV Kr^{2+} 及 Xe^{2+} 离子辐照下，A 位原子分别为铝和硅的钛系三元 MAX 相材料的耐辐照损伤行为，其实验表征主要采用原位透射电镜技术。相比于其他氧化物材料在离子剂量接近 10^{14} cm^{-2} 时已发生明显的非晶化（Lumpkin et al.，2009），Ti_3SiC_2、Ti_3AlC_2 材料更耐辐照，并且很快复原。

Yang 等（2017）利用 Au 离子对 MAX 相中的 Ti_3AlC_2 材料进行了高剂量的辐照实验，在经过 80 dpa 的辐照剂量之后仍没有出现非晶化现象，证明了其是一种非晶化阈值较高的陶瓷材料。其优异的抗辐照性能、热力学性能使其成为一种在核能领域具有良好应用前景的高温结构陶瓷材料。

除此外，还有部分 MAX 相材料辐照损伤行为的实验结果表明，部分种类的 MAX 相材料具有十分优异的抗辐照性能，Ti_3SiC_2 和 Ti_3AlC_2 材料具有较好的耐离子束辐照损伤特性，在高剂量辐照下未发生明显非晶化现象，并且 800 ℃退火后损伤可基本恢复，因此 Ti_3SiC_2 和 Ti_3AlC_2 是潜在的核用结构材料（Hoffman et al.，2012）。

以上这些采用实验表征进行三元层状 MAX 相材料的抗辐照行为的研究结果说明，这种结构材料有抗辐照损伤能力。然而，在核能材料性能评估中还有一项重要的因素必须考虑，即裂变气体氦。在中子辐照产生的嬗变产物中，He 原子在结构材料中受到材料排斥而迅速沉淀为氦泡，氦泡在结构材料的晶界和相界中扩散、聚集的同时，不断吸收空位壮大，造成结构材料的肿胀，从而改变核能材料的微观结构，并进一步降低材料的使用寿命，严重影响结构材料的力学性能甚至使其发生加速破坏。因此，部分研究人员已经开始关注并采用密度泛函理论第一性原理方法计算三元层状材料的容纳裂变产物 He 的行为。

Xiao 等（2013）基于第一性原理计算了 He 注入 Ti_3AlC_2 的损伤行为，即随着局部组成元素的化学势的变化，He 原子优先形成间隙型缺陷的位置也发生变化。计算结果表明，在绝大多数状况下，He 原子最易在 Al 原子面内形成间隙型缺陷，而在富 Ti 或富 C 的环境下，He 原子容易取代格点位置的 Al 原子。另外，在辐照损伤的起始阶段，单空位和双空位的形成会显著影响He在材料中的作用行为，在近邻化学势环境变化时，He原子优先占据间隙位或Al原子面中Al原子格点位置，He原子较容易在TaC晶体结构中的Al原子面内积聚。在He原子注入过程中，VTi不易形成，He原子与近邻的空位之间存在很强的键合作用，Ti–Al双空位是唯一可能稳定存在的双空位缺陷类型。

此外，Xu等（2015）也采用第一性原理的方法研究了He在MAX相材料Ti_3AlC_2中的行为，包括He原子的占位，He原子之间的相互作用，He原子与空位的相互作用，以及He原子在MAX相材料中的扩散行为。结果显示，He在MAX相材料中容易在Al平面聚集。这与Xiao等（2013）的研究结果是一致的。空位对He原子有捕获的作用。Al对He的捕获作用比C原子强。He原子容易沿着Al平面扩散，不容易垂直于Al平面扩散，因此He容易沿着Al平面的方向聚集成泡，而且相比于其他金属，He在Ti_3AlC_2的扩散势垒比一般金属大，因此相比其他金属不容易扩散，不利于He聚集成泡，具有一定的抗氦脆的能力。

Middleburg、Lumpkin和Riley（2013）也利用密度泛函理论第一性原理计算方法计算了A位原子为铝和硅时，Ti_3AC_2三元层状材料MAX相312相中Ti、Al、Si、C四种原子的缺陷形成能及它们的缺陷迁移能。在Ti_3SiC_2结构中，Ti缺陷形成能最高，在被Ti–2层的空位捕获而湮没之前，Ti缺陷会迁移穿过Si原子面。辐照造成的Ti缺陷浓度与辐照剂量有关，即高离子通量状态下，没有足够的时间供Ti缺陷迁移和湮没。由于间隙型Si原子有很高的迁移速率，可通过耦合机制在晶格中移动，因此间隙型 Si 原子可以将位于格点处的 Si 原子撞开，形成新的间隙原子，然后自身填补留下的空位，因而 Si 的 Frenkel 缺陷对能快速复合。间隙型 C 原子很容易形成，并很快穿过 Si 原子面，但是 C 的夫伦克耳（Frenkel）缺陷对的复合却相对难得多，这也使 Si 原子面内存在大量间隙型 C 原子。而间隙型 C 原子却可以与格点位置处的 Ti 及 Si 原子通过类似 TiC、SiC 中的键合方式键合。在高温条件下，这种 TiC/SiC 类型的键合使间隙原子回到最有利的格点位置上（迁移能为 0.84 eV）。在 Ti_3AlC_2 结构中，绝大部分的缺陷行为与 Ti_3SiC_2 类似，但是 C 间隙原子的移动速率和 Frenkel 缺陷对的复合机理不同，迁移速率更高，复合方式更为简单，势垒也较低（0.46 eV），因此这种结构中 C 缺陷含量更低，也有更好的耐辐照损伤特性。

综上所述，研究结果显示 A 位原子是铝和硅的钛系三元层状 MAX 相 312 相在高剂量辐照下未发生明显非晶化，显示了三元层状材料在服役条件下的耐辐照稳定性，这种材料可谓核工业界备选的具有优异抗辐照的潜在核能结构材料。此外，高温条件下钛系三元层状结构材料 MAX 相 312 相中碳间隙原子的迁移以及 Frenkel 缺陷对的迁移理论模拟研究和裂变气体在三元层状结构 MAX 相 312Ti_3AlC_2 中的迁移行为研究结果均表明，MAX 相材料特殊的层状结构在内部形成的孔洞可以有效容纳辐照条件下产生的缺陷和裂变气体氦泡。

1.3 二维材料研究进展

1.3.1 二维材料概述

2004年，英国曼彻斯特大学Geim和Novoselov小组实验人员通过使用传统的机械剥离实验方法成功分离出单原子层的石墨材料——石墨烯（Geim and Novoselov，2007），该科研突破为关注二维材料或纳米材料研究领域的科研者拓宽了视野，使二维材料和纳米结构成为研究热点（Zhang，2015；Neto et al.，2009；Coleman et al.，2011；Balandin et al.，2008）。通常，这种材料的厚度在单原子层到几个原子层，而且它们的平面内尺寸比厚度大得多（Novoselov et al.，2004）。自石墨烯产生后，大量的新型二维材料，如二元六方氮化硼、多元过渡金属碳氮化物、有机金属骨架材料、钙钛矿、层状高分子结构等（Ci et al.，2010；Ares et al., 2016）相继涌出。

独特的二维结构与理想的性能相结合，不仅使其在电子学、光电子学、压电电子学、valleytronics、自旋电子学等领域具有潜在的应用前景（Neto et al.，2009；Nair et al.，2008；Chhowalla et al.，2016），还为理解新物理机制提供了良好的研究平台（Tan et al.，2015）。例如，石墨烯显示出创纪录的高载流子迁移率和室温量子霍尔效应（Coleman et al.，2011），是由于其具有无质量狄拉克色散的唯一二维电子特性引起的。这些特性使石墨烯适用于纳米电子学。另外，过渡金属硫族化合物单分子膜由于强自旋－轨道耦合，加上直接带隙，允许它们在电子、光电子、自旋电子学中应用（Abanin and Levitov，2007；Fiori et al.，2014）。另外，六方氮化硼（h–BN）单分子层由于具有良好的电绝缘性能和较高的热导率，具有很强的介电性。将碳和氮化硼合金进行合成可以进一步调整电子结构，以获得更广泛的应用。此外，随着层数的变化和载流子迁移率的较高和各向异性，黑磷（Li et al.，2014）显示出可调的直接带隙。因此，它可以用于偏振光的电子学或光电领域中。此外，二维拓扑绝缘体在量子计算、自旋电子学和光学应用中也具有较大的潜力。

1.3.2 二维材料的理论预测

尽管上述具有多种优异性能的二维材料的合成是可行的，但它们在工业应用中面临着不同的挑战，如石墨烯的带隙不足、TMDCs 的低载流子迁移率、h–BN 大规模生产的困难以及 α–P 的化学不稳定性等。对于材料研究界来说，其不仅要克服这些障碍，还要寻找新的二维材料，探索它们的新特性，以备将来的应用。由于某些二维材料的大量可能组合，仍有许多尚未探索的，甚至有许多应用尚未被挖掘。如果在没有明确的指导方向或目标的情况下进行传统的试错实验，则需要耗费大量的人力、物力、时间和费用。因此，在探索所有可能的二维化合物方面存在很大的挑战。通过计算设计和预测可以显著加速这一过程，如以下三个例子所示，包括预测新材料和性能、预测新的二维结构及其生长路径，以及为不同情况下的二维材料控制研究提供理想的研究平台和不同的环境条件。

第一，通过理论计算，该领域的研究工作者预测了许多新型并具有新特性的二维材料，如硅基和硼基纳米结构和化合物、二维铁磁材料和二维铁电或压电材料。对于硅基的体系，硅烯在其能带结构中显示了狄拉克（Dirac）锥（Cahangirov et al.，2009），而单层 SiS 的直接带隙为 1.2 eV，较适用于太阳能电池等相关应用（Yang et al.，2016）。对于硼基体系，许多纯硼结构和氢化硼片预计具有 Dirac 锥能带结构（Feng et al.，2017；Ma et al.，2016；Jiao et al.，2016），其中一些显示出独有的特征，如 Dirac 环和各向异性。预测了二维铁磁材料 $MnPSe_3$（Liu et al.，2016）和 GaSe 单层（Cao，Li，and Louie，2015）在载流子掺杂时表现出可调谐的铁磁性和半金属性质，这在自旋电子学应用中是可取的，因为它们易于通过静电场效应晶体管（FET）进行调制。

第二，利用先进的第一性原理计算和成熟的结构预测算法，可以设计或预测新的二维结构及其可能的增长路径，这可能是当前实验技术之外的方法。例如，根据理论计算，第一性原理计算方法首次计算了一种由不同原子种形成的具有顶部和底部硫族元素层的非对称 TMDCs，并且最近已经实验制备了一种二维 Se-Mo-S 纳米结构。这种不对称结构破坏了平面的镜像对称性，并在伽马点诱导了顶部价带的拉什巴（Rashba）分裂，Rashba 效应是一种非磁性材料中的电子态的自旋劈裂现象，Rashba 自旋轨道耦合效应应该说是结构不对称的情况而导致的电子的能带发生了改变。这种反演不对称结构引起了价电子轨道的自旋耦合，这种现象为控制电子自旋状态提供了有意义的类似于根本不需要再额外提供磁性材料或者说根本不需要人为地外加一定的磁场而进行对电子自旋的控制手段。随着计算机的计算能力以及超级计算器和人工智能等技术的发展，预测出在本征带有磁性或者利用这种方法控制自旋电子轨道的研究越来越多，这种发展性的电子器件显示出在 Valleytronics 和自旋电子学应用的巨大潜力。另外，由于自由能的微小差异，有许多可能的硼同素异形体，而单层硼片（borophene）的合成涉及不同硼相之间的激烈竞争，并导致复杂的多态性。因此，了解这些结构的生长机理对设计可行的生长路径起着至关重要的作用，并且可以通过理论模拟系统地研究这些生长路径，为实验合成提供指导。

第三，理论计算可以为研究二维材料在不同条件下的性能及变化提供一个良好的研究平台。这是因为，在实验中，二维材料与其环境之间的强烈相互作用，以及缺陷的形成，使其从周围环境的影响中提取其固有特性以及实现其控制成为一项挑战。例如，通过将独立硼片的电子结构与 Ag（111）基板上硼片的电子结构进行比较，发现样品与基板之间的晶格失配导致独立情况下两个 Dirac 锥体分裂为基板上的四个，这已经通过角分辨光发射光谱（ARPES）得到证实（Cao，Li，and Louie，2015）。另外，对于 MoS_2 单层缺陷的研究。二维结构的开放性使 MoS_2 单层表面产生许多类型的缺陷，这些缺陷之间的相互作用不可避免地会使其性能变得复杂。通过分别研究各种缺陷及其复合物，即理论模拟为科研人员提供了一种识别不同缺陷及其相互作用影响的方法。

所有从计算设计和预测得到的这些有利因素可以大大促进二

维材料的发现和准确表征。到目前为止，二维材料理论研究的快速发展已经得到了大量重要的结果，如无质量的狄拉克费米子、能带隙、载流子迁移率、铁电性、铁弹性、压电性、铁磁性和半金属等。

1.3.3 二维过渡金属碳/氮化物 MXenes 材料及其研究进展

二维过渡金属碳/氮化物 MXenes 材料的首个成员 Ti_3C_2TZ 是 2011 年由美国德雷克塞尔大学的 Michel Barsoum 和 Yury Gogotis 课题组通过 HF 溶液刻蚀含 Al 的母相 MAX 相材料而制得的（Naguib et al.，2011）。由于其结构是在合适含氟化物的刻蚀剂中将三元层状 $M_{n+1}AX_n$（M 为过渡金属元素，A 为第Ⅲ/Ⅳ主族元素，X 为 C/N，n=1 ～ 3，简称 MAX 相）相中键合较弱的 A 位亚层剥蚀，剩下的 $M_{n+1}AX_n$ 片层表面进一步由刻蚀环境中的官能团钝化形成 $M_{n+1}X_nTZ$ 二维材料，T 指表面基团（如 O^{2-}、OH^-、F^-、NH_3、NH^{4+} 等），该片层 $M_{n+1}X_nTZ$ 具有类石墨烯结构，因此统称为 MXenes（Butler et al.，2013）。

目前实验已成功合成许多 MXenes 材料（表 1-1），如 Ti_2C、Mo_2C、Ti_3C_2、V_4C_3、Ta_4C_3 等，还有很多是理论预测可以稳定存在的。MXenes 材料组成丰富，具有高比表面积，带有功能化官能团，且有高载流子迁移率以及良好的导电性。丰富的表面官能团化学特性使其在能源转化、储存、催化、吸附、分离以及传感器（Anasori，Lukatskaya，and Gogotsi，2017；Yang et al.，2019；Zheng et al，2017；Shahzad et al.，2016；Zhou et al.，

2018）等领域展现出卓越的性能与广阔的应用前景。

表 1-1 已报道的 MXenes 结构

MXenes					
实验合成	$Nb_{1.33}C^{*}$	Mo_2C	$Mo_{1.33}C^{*}$	Ti_2N	V_2C
	Ti_2C	$W_{1.33}C^{*}$	$(Ti,V)_2C$	$(Ti,Nb)_2C$	Nb_2C
	Ti_3C_2	Ti_4N_3	$Ti_3(C,N)_2$	Zr_3C_2	Hf_3C_2
	$(Ti,V)_3C_2$	$(Ti,Nb)_4C_3$	$(Nb,Zr)_4C_3$	$(Mo_2Nb_2)C_3$	Ta_4C_3
	$(Cr_2Ti)C_2$	$(Cr,V)_3C_2$	$(Mo_2Ti_2)C_3$	V_4C_3	—
	Mo_2ScC_2	$(Mo_2Ti)C_2$	$(Mo_2V_2)C_3$	Nb_4C_3	—
理论预测	Sc_2C	Mn_2C	Mn_2N	Zr_2C	$(Mo_2V)C_2$
	$(Cr_2Ti_2)C_3$	$(Cr_2V_2)C_3$	$(Cr_2Nb_2)C_3$	$(Cr_2Ta_2)C_3$	$(Cr_2Nb)C_2$
	Cr_2N	$(Ti_2Nb_2)C_3$	$(Ti_2Ta_2)C_3$	Ti_3N_2	$(Mo_2Nb)C_2$
	$(V_2Ti_2)C_3$	$(V_2Nb_2)C_3$	$(V_2Ta_2)C_3$	$(Ti_2Nb)C_2$	$(Cr_2Ta)C_2$
	Cr_2C	$(Nb_2Ta_2)C_3$	$(Ti_2Ta)C_2$	$(Cr_2V)C_2$	$(Mo_2Ta)C_2$
	Ta_2C	Hf_2C	Hf_2N	$(Mo_2Ta_2)C_3$	—

Lukatskaya 等（2013）在 Science 等期刊上报道了 MXenes 材料中 $Ti_3C_2T_x$、Ti_2CT_x 等在储能方向的应用，基于单层 $Ti_3C_2T_x$ 的柔性电极作为锂离子电池负极容量达到 410 $mAhg^{-1}$@1C，且呈现良好的循环稳定性。Shahzad（2016）在 Science 上报道了 MXenes 在电磁干扰屏蔽领域的应用。剥离态 d-$Ti_3C_2T_x$MXene

膜及 90wt%d-$Ti_3C_2T_x$MXene-10wt%SA（海藻酸钠）复合材料分别具有 92 dB（45 μm）和 57 dB（8 μm）的优异电磁屏蔽性能。Kim 等（2018）在 SiO_2 晶圆上构筑了以柔性金属型 $Ti_3C_2T_x$MXene 薄膜作为导电型沟道的化学传感器，发现其具有优异的挥发性气体检测灵敏度、高选择性及超高信噪比。周爱国等发现 NaOH 溶液活化的 $Ti_3C_2T_x$MXene 对污水中 Pb^{2+} 具有较高的选择吸附性，因而有望应用在环境及水体修复领域。Ma 等（2015）报道了二维碳化物和氮化物的钛系列电极材料，以及该结构材料应用于产氧反应（OER）过程中的时候，表现出了良好的结构稳定性以及超乎想象的高反应活性，为 MXenes 结构材料的潜在应用扩宽了视野。

基于类石墨烯 MXenes 材料的大比表面积以及丰富的活性位点，Wang 等（2016）、Wang 等（2017）、Zhang 等（2017）首次将二维 MXenes 拓宽应用于放射性核素吸附分离方面。

在核工业循环中乏核燃料后处理是核工业体系的重要环节，水泥混凝土是目前使用最为广泛的射线防护材料，从长远利益来看，此举必然不妥，因此防止放射性物质泄漏以及合理将这些放射性废物及时处理也是核工业安全有效可持续发展的重要因素。通过前述三元层状 MAX 相发展过程可知，该类层状材料是二维 MXenes 的前驱体，大量的三元层状 MAX 相被挖掘，因此随之而来的将是 MXenes 时代。其在近年也受到各个研究领域的热点关注，尤其是能源领域。类石墨烯 MXenes 二维纳米材料因为具有本征的高比表面积和独特纳米电子层结构以及良好的抗辐照性能和优异的导热性，因此有望被应用在强辐射极端条件下的核工业体系，并利用其独特的结构和物性进行放射性核素的吸附。因此，Wang 等（2016）、Wang 等（2017）、Zhang 等（2017）将两种典型二维碳化物纳米材料（钛系和钒系基二维纳米片）作为研究示范，系统地研究了它们对放射性元素的吸附行为和相关作用机理。

石伟群等人所研究的 V_2CT_x（T=F，OH）二维纳米 MXenes 材料是中科院宁波材料所通过 50% 浓度的氢氟酸将自制研发烧结的钒铝碳 211MAX 相进行 72 h 刻蚀而获得的高纯度的 V_2CT_x 二维纳米 MXenes 材料。经过对铀酰离子进行的 4 h 的吸附实验，结果显示了 V_2CT_x 二维纳米 MXenes 材料对铀酰离子有较高的吸附作用。经过实验表征，即利用扩展 X 射线吸收精细结构谱（EXAFS）对吸附产物进行分析，表征结果显示出二维碳化物 V_2CT_xMXenes 材料的表面基团羟基与铀酰离子形成稳定的配位化合物，在 V_2CT_x 二维纳米 MXenes 材料表面上有大量的羟基活性位点，这样就可以高效地将铀酰离子吸附在其表面。此外，该研究小组也从理论计算角度对 V_2CT_x 二维纳米 MXenes 材料吸附铀酰离子进行了模拟，通过搭建合理的模型，经过结果优化及其他本征电子性能的计算，最后理论计算结果获得了与 EXAFS 实验表征所观测的配位模式一致的计算结果。从理论上验证并解释了 V_2CT_x MXenes 材料二维纳米高效吸附铀酰离子配合物的作用与潜力。

相比于钒系二维碳化物结构材料，钛系 MXenes 是由最早的 MAX 相前驱体经过氢氟酸刻蚀获得的。由于 $Ti_3C_2T_x$ 稳定性好、制备简单、成本低廉。因此该团队也进行了 $Ti_3C_2T_x$ 吸附铀酰离子的实验研究，即通过含铀的污水处理实验，实验结果显示 1 kg 的二维 MXenes$Ti_3C_2T_x$ 材料可以净化高达 5 t 的含铀污水，并发现二维 MXenes$Ti_3C_2T_x$ 对其他重金属离子也有一定的去除效果。这展现了其有望被应用于核素吸附过程甚至高放废料处理的核工业体系的潜力。在实验进行的同时，该团队还模拟了过渡金属与碳化学计量比为 3 ∶ 2 和 2 ∶ 1 的 MXenes 材料，其中表面基团分别为氟、氧和羟基；计算了二维层状材料的电子结构与键合性质；研究了碳化钒、碳化钛层状材料对铀酰离子的吸附性能；结果显示铀酰以双齿内配位形式较稳定地被吸附在羟基化的碳化钛（钒）$\left[(Ti)V_2C(OH)_2\right]$层状材料上。通过分析二维结构吸附铀酰离子的吸附结构的态密度、差分电荷等电子结构信息，发现在吸附过程中主要是化学键在起作用，其中又以氢键起主导作用。该团队还分别考虑了 OH^-、Cl^-、NO_3^- 等阴离子对铀酰吸附的影响，研究了铀酰吸附的溶剂化效应，发现各种阴离子和水溶液对铀酰在碳化钛（钒）层状材料上的吸附的影响非常小。研究结果发现，碳化钛（钒）具有较大的理论吸附容量，是一类在核素的吸附和固定的应用领域具有较好发展前景的二维材料。

随着 2D 材料列表的增长，继续探索新型二维碳化物纳米材料将仍然是一项艰巨而有意义的研究。而且，对这些 2D 纳米材料的基本结构、电子和光电磁等性质的研究也十分必要。一方面，这些 2D 纳米材料的性质从实质上讲都是由原子核和电子结构决定，因此这些结构可以通过量子力学计算方法预测。另一方面，密度泛函理论作为量子力学研究计算方法之一，已经成功地确定了 2D 纳米材料的结构特性。因此，本书探索新型镧锕系基二维碳化物材料不仅在材料化学基础研究中有重要意义，同时对核工业体系的安全可持续发展有一定基础指导作用。

1.4　本书主要研究内容

近年来，随着密度泛函理论、数值方法以及计算机技术的发展，基于第一性原理的计算机模拟已经成为量子化学和材料科学中的重要研究手段。第一性原理计算可以准确确定材料结构的稳定性，而通过试验却需要进行精细且耗时的分析才可以确定，并仅适用于少量的化合物。因此，对于大量的材料筛选以及多组分的化合物，通常是根据第一性原理计算方法进行高通量计算。材料的本征性能以及化学反应归因于电子的运动变化，而第一性原理计算方法可以直接计算电子的运动变化从而可以进一步模拟材料的性能及其参与的化学反应。正是由于这种优势，第一性原理计算方法常被广泛应用于物理化学和材料科学领域中。第一性原理计算方法只需要知道 5 个基本物理常数（m_0、e、h、c、k_B），并结合描述微观粒子相对论效应的狄拉克方程以及描述微观运动的薛定谔方程即可进行材料本征性能的计算，为实验工作者指明研究方向。本书通过紧跟世界材料学研究“理论先行，实验验证”的潮流，以及创新性提出的利用计算机仿真的高效性，在有限的实验支持下，对镧系锕系层状碳化物的电子结构和性能进行系统性的理论探索，从而拓展核能材料基础性研究。

首先，本书基于密度泛函理论在 VASP（vienna ab-initio

simulation package）软件包上对锕系基三元层状碳化物结构（由于在核工业体系中常用的是铀、钚和钍三种核素，因此本书选择这三种元素作为锕系研究对象）模型进行搭建，并进行计算参数 k 点、平面波截断能、能量收敛标准以及力的收敛标准的测试，根据参数测试结果选择合适的计算参数对结构进行弛豫，结构弛豫中各项收敛标准均已达到意味着完成了整个结构弛豫；将弛豫好的结构进行下一步电子结构及性能的预测，并分析晶体结构内部各组分之间的键合作用，评估锕系基三元层状碳化物的本征性能。此外，本书基于超胞法计算锕系基三元层状碳化物结构的晶格振动谱，有效地为其晶格动力学行为的研究提供了理论依据并预测了三元层状碳化物的电子热导率，为其作事故容错燃料提供了理论数据。为进一步考察锕系基三元层状碳化物材料的力学性能，本书还计算了各个结构的弹性常数、剪切模量、杨氏模量和泊松比等常用力学性能评估物理量，从而为事故容错燃料系统提供了理论基础。

其次，本书基于密度泛函理论在CASTEP（cambridge sequential total energy package）软件包上对锕系基二维层状碳化物结构（仍选择铀、钚和钍三种核作为锕系研究对象）模型进行搭建，并进行计算参数 k 点、平面波截断能、能量收敛标准以及力的收敛标准的测试，根据参数测试结果选择合适的计算参数对结构进行弛豫，结构弛豫中各项收敛标准均已达到意味着完成了整个结构弛豫；将弛豫好的结构进行下一步电子结构及性能的预测，并分析晶体结构内部各组分之间的键合作用，评估锕系基二维碳化物的本征性能。此外，本书基于超胞法计算锕系基二维碳化物结构的晶格振动谱，有效地为其晶格动力学行为的研究提供理论依据。

再次，本书基于密度泛函理论在 CASTEP 软件包上对镥基三元层状碳化物结构与性能进行了理论预测。从 A 位原子角度出发，设计了三种不同 A 位原子（Al、Si、Sn）的镥基三元层状碳化物六方晶体结构。经过计算参数 *k* 点、平面波截断能、能量收敛标准以及力的收敛标准等参数的测试，对结构进行弛豫和电子结构及性能的理论预测，并分析晶体结构内部各组分之间的键合作用，评估镥基三元层状碳化物的本征性能。为进一步考察 A 位原子不同的镥基三元层状碳化物材料的力学性能，本书还计算了各个结构的弹性常数、剪切模量、杨氏模量和泊松比等常用力学性能评估物理量，从而为其在核能领域的应用提供了有力的理论判据。

最后，本书采用密度泛函理论第一性原理计算方法，经过模型搭建、计算参数测试以及结构的放开性弛豫系统地研究了镧系整个周期从镧到镥（除放射性元素钷外）共 14 种元素的二维碳化物结构的稳定性。其中，包括两种不同构型的裸露镧系基二维碳化物 28 个结构和带有—F、—OH 和 =O 三种不同表面基团的 252 个镧系基二维碳化物结构。基于超胞法计算镧系基二维碳化物的晶格振动谱，为研究其晶格动力学行为提供了理论依据；对弛豫后的结构进行电子能带的计算，从而评估其金属或半导体的本征性质；进一步计算弛豫后结构的总态密度及分波态密度信息，可以直观地获得在这些新型结构内部各组分之间的键合以及轨道贡献大小等信息；因 GGA-PBE 泛函低估带隙现象，本书进行 HSE06 泛函的修正，以便根据理论计算获得晶体结构的实际带隙值。此外，采用超胞法计算带有磁性的镧系基二维碳化物可以有效地评估其居里温度和自旋极化率，为其潜在应用领域做出理论指导。

第2章 理论基础与计算方法

材料是国民经济的物质基础，而物质是由原子组成的，原子又是由原子核和电子构成的。因此，在研究材料化学领域，研究学者研究的实质就是原子结构中的电子结构问题。量子力学（Levine，2000）关注的是电子。量子化学就是基于量子力学理论和方法研究化学问题的，并且其还是整个化学学科的理论基础。现如今，无论是化学、物理和生物领域，还是材料科学研究领域，量子化学的理论和计算作用都日益凸显。且随着计算机技术的发展，量子化学计算的精度也日益提高，从一定水平上已经达到甚至超过了实验手段的精度。

因此，本章主要围绕在计算过程中涉及的基本理论和计算方法展开论述，介绍相关的理论模型、近似值及其在常用软件包中的实现。

2.1 密度泛函理论

所有的理论计算是材料特性理论确定的核心组成部分。其正确性、准确性和实施过程直接影响其预测的质量。密度泛函理论（density functional theory，DFT）是应用最广泛的量子力学计算材料特性的方法之一。适用的长度和时间尺度分别是纳米和皮秒。这些尺度比量子蒙特卡罗模拟长，但比半经验或全经验方法低。不同电子结构计算方法的准确性和尺寸的比较结果如图 2–1 所示（Levine，2000）。

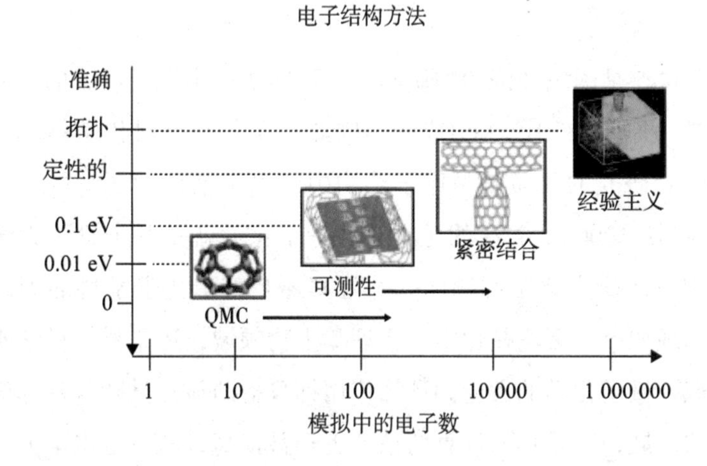

图 2–1　不同电子结构计算方法的准确性和尺寸的比较结果

图 2–1 比较了四种流行的计算方法。它们各自具有其可以处理的原子总数以及可以在所研究的系统的总能量中预期的典型误差幅度。对于这些方法，通常是其可以模拟的原子数目越多，所引起的误差就越大。然而，对于做出一些定性结论或以更大的长度规模研究属性来说，这一点并不重要。当然，不同方法的准确度可能高于图 2–1 所示，这是因为大部分误差也可归因于实验结果的不确定性，实验结果与这些理论计算方法所计算的结果进行

了比较。如果将 DFT 方法与高度精确的理论基准方法进行比较，DFT 通常具有约 1 me / 原子的精度。因此，对于块状或纳米结构，DFT 可用于甚至定量地预测材料的性质。材料由包含电子和原子核的原子制成。核的类型和它们之间的相互作用产生各种材料并拥有不同的性质。相互作用主要是静电作用或库仑作用。核可以被视为经典粒子，但电子必须用量子力学来描述。能描述电子行为的方程是薛定谔方程。

1926 年薛定谔首先提出了描述微观粒子运动规律的波动方程：薛定谔方程（Schrödinger equation）。1928 年狄拉克提出考虑了相对论效应的粒子运动方程：狄拉克（Dirac）方程。在 Schrödinger 方程出现半个世纪之后，科恩提出了一种新的利用计算机求解多电子体系的 Schrödinger 方程的方法，即密度泛涵理论（DFT）。科恩－沈（Kohn–Sham）理论框架的使用代表电子密度的轨道计算出电子动能以解决了电子密度泛函中具体表述的问题而实现了 DFT 的广泛应用。简言之，密度泛函理论基本思想：原子、分子以及固体的基态电子能量完全由电子密度来确定。也就是说，体系电子密度与能量存在一对一的关系。因此，DFT 是一个强调电荷密度作为基本物理量的基态理论。在过去的 50 年，特别是近 20 年，DFT 在描述从原子、分子到简单晶体，再到复杂扩展体系的大量材料的结构和电子性质方面取得了较大成功。通过求解物质的电子结构，人们可以进一步分析它们的各种性质，如表面吸附活性、力学性质、磁性、导电性等。因此，DFT 已成为描述或预测分子与凝聚态体系性质的常用工具。通常，人们把基于密度泛函理论的计算叫作第一性原理计算。

2.1.1 理论背景：玻恩－奥本海默近似与哈特里－福克方程

波恩近似（Born and Huang，1955) 的基本依据：体系中原子核的质量远大于围绕核运动的电子质量，因而其运动速度也比电子慢很多。根据这种关系，Born 和 Oppenheimer（1927）提出了固核近似，即在计算电子结构的瞬时，原子核可以被认为是固定的。波函数和原子核的哈密顿算符被分解成电子和原子核两部分。如果按照这样的近似的话，原本团在一起的电子运动以及原子核的运动就被近似自然地分开考虑了，人们所运用的密度泛函理论就是在这样的近似下成立的。这样，就可以把原子核的运动和电子的运动分开处理。因此，体系的哈密顿量中就只有电子与其电子相互作用（E_{ee}）、电子与其原子核相互作用（E_{Ze}）、电子本身的动能（T_e）、原子核与其相邻原子核相互作用（E_{ZZ}）。根据波恩－海默理论近似，原子核的动能（T_Z）可以视为零。这样体系的哈密顿量可以写为

$$H = T_e + E_{ee} + E_{Ze} + E_{ZZ} \tag{2–1}$$

进而，Schrödinger 方程可以表示为

$$H\left(r\text{£¬}R\right) = -\sum_{i}\frac{\hbar}{2m_e}\nabla_{r_i}^2 + \frac{1}{2}\sum_{i\neq i'}\frac{e^2}{\left|r_i - r_{i'}\right|} - \sum_{i\text{£¬}j}\frac{Ze^2}{\left|r_i - R_j\right|} \tag{2–2}$$

这里，尽管固核近似简化了对薛定谔方程的求解过程，然而，在这种近似下，一个含有 N 电子体系的电子波函数仍以每个电子的三维空间坐标为变量，即含有 $3N$ 个变量，求解的计算量仍非常巨大。后来 Hartree（1928）与 Fock（1930）提出，考虑

保利不相容原则，将电子间的库仑相互作用平均化，每个电子均被视为在核外势和其他电子对该电子的平均势作用下运动，使多电子求解变为单电子问题。所以，体系的波函数 $\Psi(r)$ 可以看作单电子波函数的连乘积，即

$$\Psi(r)=\psi_1(r_1)\psi_2(r_2)\ldots\psi_n(r_n) \tag{2-3}$$

且每个单电子的波函数 $\psi_i(r_i)$ 都满足单电子 Hartree 方程，即

$$H_i\psi_i(r_i)=E_i\psi_i(r_i) \tag{2-4}$$

$$H_i=-\frac{\hbar^2}{2m_e}\nabla^2+V(r_i)+\sum_{i'(i'\neq i)}\int dr_{i'}\frac{\left|\psi_{i'}(r_{i'})\right|^2}{\left|r_{i'}-r_i\right|} \tag{2-5}$$

式（2-5）中：$V(r_i)$ 为电子受核的作用势，第三项为电子平均作用势。根据薛定谔方程，计算整个体系能量。

$$E=\langle\Psi|H|\Psi\rangle=\sum_i\psi_i(r_i)|H|\psi_i(r_i)=\sum_i E_i \tag{2-6}$$

在考虑泡利不相容原理的情况下，多电子体系的波函数为反对称矩阵。随后福克（Fork）便将体系波函数改写整理成一个斯莱特（Slater）行列式的形式，即

$$\Psi(r)=\frac{1}{\sqrt{N!}}\begin{vmatrix}\psi_1(r_1) & \psi_2(r_1) & \ldots & \psi_N & (r_1)\\ \psi_1(r_2) & \psi_2(r_2) & \ldots & \psi_N & (r_2)\\ \ldots & \ldots & \ldots & \ldots & \\ \psi_1(r_N) & \psi_2(r_N) & \ldots & \psi_N & (r_N)\end{vmatrix} \tag{2-7}$$

体系总能量 E 为

$$E=\langle\Psi|H|\Psi\rangle=\sum_i \mathrm{d}r_i\psi_i^*(r_i)H_i\psi_i(r_i)-\frac{1}{2}\sum_{i,\ i'}\int\mathrm{d}r_i\mathrm{d}r_{i'}\frac{\psi_i^*(r_i)\psi_i(r_{i'})\psi_{i'}^*(r_{i'})\psi_{i'}(r_i)}{\left|r_i-r_{i'}\right|} \tag{2-8}$$

其中，

$$H_i = -\frac{^{2}}{2m_e}\nabla^2 + V\left(r_i\right) + \sum_{i'}\left(i' \neq i\right)\int \mathrm{d}r_{i'}\frac{\left|\psi_{i'}\left(r_{i'}\right)\right|^2}{\left|r_{i'} - r_i\right|} \tag{2-9}$$

相应单电子方程，即 Hartree—Fork 方程为

$$\begin{aligned}&-\left\{\frac{^{2}}{2m_e}\nabla^2 + V\left(r_i\right)\right\}\psi_i\left(r_i\right) + \sum_{i'(i'\neq i)}\int \mathrm{d}r_{i'}\frac{\left|\psi_{i'}\left(r_{i'}\right)\right|^2}{\left|r_{i'} - r_i\right|}\psi_i\left(r_i\right) - \\ &\sum_{i'(i'\neq i)}\int \mathrm{d}r_{i'}\frac{\left|\psi_{i'}^*\left(r_{i'}\right)\psi_i\left(r_{i'}\right)\right|}{\left|r_{i'} - r_{i'}\right|}\psi_i\left(r_i\right) = \sum_{i}\lambda_{ii'}\psi_{i'}\left(r_i\right)\end{aligned} \tag{2-10}$$

在此方程中，考虑了电子与电子间的相互作用，提高了计算结果的准确性。

2.1.2 霍亨伯格－科恩定理

密度泛函理论是基于霍亨伯格（Hohenberg）和科恩（Kohn）在 Thomas—Fermi-Dirac 模型的基础上提出的两个基本定理以及两个推论。

定理一：对于在外势场 $V_{\mathrm{ext}}(r)$ 中的一个多电子体系，外势场 $V_{\mathrm{ext}}(r)$ 由基态电子密度 $n_0(r)$ 唯一决定，除了一个常数因子。这时除了一个常数因子之外，体系的哈密顿量已经完全确定。这表明多电子体系的波函数（包括基态、激发态）也可以完全确定了，因此从定理一可以得到一个新的推论。

推论一：多电子体系的所有性质都由基态电子密度 $n_0(r)$ 唯一决定。

定理二：对于任意一个外势场 $V_{\mathrm{ext}}(r)$，可以确定唯一一个该体系能量关于电子密度的泛函$E[n]$。该体系的基态能量是该泛

函的最低能量，并且使该泛函能量最低的电子密度 $n(r)$ 就是该体系的基态电子密度 $n_0(r)$。即$E[n_0]=E_0$，$E[n_0]$是基态电子密度对应的能量，E_0 是电子密度泛函$E[n]$的最小值。根据定理二，可以得到以下推论。

推论二：能量泛函已经足够决定基态电子的密度和能量，而激发态则需要其他的方法来求解。

以下是关于定理一的证明。

假设对于同一个基态密度 $n_0(r)$，其存在两个不同的外势场，$V_{ext}^1(r)$、$V_{ext}^2(r)$，并且它们不只相差一个常数因子。那么，这两个外势场将分别对应两个不同的哈密顿量：H_1、H_2。将它们所对应的基态波函数分别记为 φ_1、φ_2；基态能量记为 E_1、E_2。根据假设，这两个不同的哈密顿量，H_1、H_2 的基态密度都是 $n_0(r)$。由于 φ_2 不是 H_1 的基态，因此有

$$E_1=\langle\varphi_1|H_1|\varphi_1\rangle<\langle\varphi_2|H_1|\varphi_2\rangle \tag{2-11}$$

$\langle\varphi_2|H_1|\varphi_2\rangle$可以做如下转换

$$\begin{aligned}\langle\varphi_2|H_1|\varphi_2\rangle&=\langle\varphi_2|H_2|\varphi_2\rangle+\langle\varphi_2|H_1-H_2|\varphi_2\rangle\\&=E_2+\int \mathrm{d}^3r\left[V_{ext}^1(r)-V_{ext}^2(r)\right]n_0(r)\end{aligned} \tag{2-12}$$

因此，可以得到

$$E_1<E_2+\int \mathrm{d}^3r\left[V_{ext}^1(r)-V_{ext}^2(r)\right]n_0(r) \tag{2-13}$$

对 E_2 做同样的推理，可以得到

$$E_2<E_1+\int \mathrm{d}^3r\left[V_{ext}^2(r)-V_{ext}^1(r)\right]n_0(r) \tag{2-14}$$

将公式（2-13）、（2-14）左右相加，则可以得到

$$E_1+E_2<E_2+E_1 \tag{2-15}$$

不等式 2–15 明显不成立。因此，之前的假设不合理，即一个非简并本征态的电子密度不可能同时对应两个不同的外势场（不止相差一个常数因子）。

以下是关于定理二的证明。

假设基态电子密度 n_1（r），其对应的外势场、能量、波函数分别是V_{ext}^{1}（r）、E_1、φ_1。则有

$$E_1=\langle\varphi_1|H_1|\varphi_1\rangle \tag{2–16}$$

另外一个电子密度 n_2（r），其对应的能量、波函数分别是 E_2、φ_2。则有

$$E_1=\langle\varphi_1|H_1|\varphi_1\rangle<\langle\varphi_2|H_1|\varphi_2\rangle=E_2 \tag{2–17}$$

因此，可以认为基态电子密度$\left[n_0(r)\right]$对应的能量小于其他任何电子密度所对应的能量，即$E\left[n_0\right]=E_0$。

2.1.3　科恩 – 沈方程

在微观世界，对多电子系统的 Schrödinger 方程求解非常困难。针对这个问题，科恩（Kohn）与沈（Sham）提出了一个有效地利用计算机迭代运算的解析求解办法。他们把多电子之间的相互作用用一个势能表示，从而把多电子系统的 Schrödinger 方程转换成为单电子方程，称为 Kohn–Sham 方程。

对于一个多电子体系，其体系的总能量包括电子动能（T_e）以及以原子核对电子的作用能。通常情况下，人们将理论计算中所有的原子核对其体系电子的相互作用理解为一种外势能作用 E_{ext}。Hartree 作用能（不考虑电子全同性计算得到的电子与电子之间的库仑能 E_{Hartree}）以及电子与电子的交换关联能（电子全同

性引起的电子与自身的作用能，E_{XC}），其总哈密顿量可以写为

$$H = T_e + E_{\mathrm{ext}} + E_{\mathrm{Hartree}} + E_{\mathrm{XC}} \tag{2-18}$$

除了动能项以外，其余所有的能量项都可以看作电子密度的泛函，即

$$\begin{aligned}\frac{\delta E_{KS}}{\delta \Psi_i^{\sigma} * (\boldsymbol{r})} = \frac{\delta T_s}{\delta \Psi_i^{\sigma} * (\boldsymbol{r})} + \\ \left[\frac{\delta E_{\mathrm{ext}}}{\delta n(\boldsymbol{r},\ \sigma)} + \frac{\delta E_{\mathrm{Hartree}}}{\delta n(\boldsymbol{r},\ \sigma)} + \frac{\delta E_{\mathrm{XC}}}{\delta n(\boldsymbol{r},\ \sigma)}\right] \frac{\delta n(\boldsymbol{r},\ \sigma)}{\delta \Psi_i^{\sigma} * (\boldsymbol{r})} = 0\end{aligned} \tag{2-19}$$

考虑正交归一化条件：

$$\Psi_i^{\sigma} | \Psi_j^{\sigma'} = \delta_{i,\ j} \delta_{\sigma,\ \sigma'} \tag{2-20}$$

动能项的二次梯度算符表示：

$$\frac{\delta T_S}{\delta \Psi_i^{\sigma} * (\boldsymbol{r})} = -\frac{1}{2} \nabla^2 \Psi_i^{\sigma} (\boldsymbol{r}) \tag{2-21}$$

密度是波函数的模：

$$\frac{\delta n(\boldsymbol{r},\ \sigma)}{\delta \Psi_i^{\sigma} * (\boldsymbol{r})} = \Psi_i^{\sigma} (\boldsymbol{r}) \tag{2-22}$$

结合拉格朗日乘子方法，可以得到

$$\left(H_{KS}^{\sigma} (\boldsymbol{r}) - \varepsilon_i^{\sigma}\right) \Psi_i^{\sigma} (\boldsymbol{r}) = 0 \tag{2-23}$$

式中，ε_i 是本征值，H_{KS} 是有效哈密顿量（哈密顿原子单位）。

$$H_{KS}^{\sigma} (\boldsymbol{r}) = -\frac{1}{2} \nabla^2 + E_{KS}^{\sigma} (\boldsymbol{r}) \tag{2-24}$$

其中，

$$\begin{aligned}E_{KS}^{\sigma} (\boldsymbol{r}) &= E_{\mathrm{ext}} (\boldsymbol{r}) + \frac{\delta E_{\mathrm{Hartree}}}{\delta n(\boldsymbol{r},\ \sigma)} + \frac{\delta E_{\mathrm{XC}}}{\delta n(\boldsymbol{r},\ \sigma)} \\ &= E_{\mathrm{ext}} (\boldsymbol{r}) + E_{\mathrm{Hartree}} (\boldsymbol{r}) + E_{\mathrm{XC}}^{\sigma} (\boldsymbol{r})\end{aligned} \tag{2-25}$$

到此，Kohn–Sham 方程没有引入任何近似，这是一个精确的方程。其中，T、E_{ext} 与 E_{Hartree} 作为电子密度的泛函很容易求解。然而，电子与电子之间的交换关联作用能，E_{XC} 相对比较复杂。XC 能量函数尚不清楚，因此需要近似。它的选择直接影响结果的准确性。这是因为，虽然它通常是总能量的一小部分，但它对化学键和形成能的贡献是相对重要的。因而，DFT 的核心问题就是寻找对交换关联函数 E_{XC} 的合理准确的近似，从而求出整个体系的总能量。迄今为止，在保证精准度基础上选取广义梯度和局域密度近似这两者泛函是人们在理论计算过程中常用的方法。下面对这两种近似方法给予简要介绍。

2.1.4 局域密度近似（LDA）

局域密度近似（Local–densiy approximation，LDA）（Perdew，Burke，and Ernzerhof，1996）是交换关联函数较简单的近似方法。其主要思想是每个电子的交换关联能在空间每点等于均匀电子气中的每个电子的交换关联能。“局域”的意思是空间任意一点的电子交换和关联能都只是该点的电子密度的函数。则有

$$E_{\mathrm{xc}}^{\mathrm{loc}}\left[n\right]=\int \mathrm{d}^3 r f\left(n(\boldsymbol{r})\right) \tag{2-26}$$

其中，$f(n)$ 是电子密度 n 的函数。对于变化缓慢的电子密度 n，其可以看作均匀电子气，其交换泛函可以写为

$$E_x^{\mathrm{LDA}}\left[n\right]=A_x\int \mathrm{d}^3\boldsymbol{r} n^{4/3}\left(\boldsymbol{r}\right) \tag{2-27}$$

其中，$A_x=-(3/4)(3/\pi)^{1/3}=-0.738$。

由于关联泛函与均匀电子气的基态波函数有密切关系，其要比交换泛函复杂一些，因此关联泛函可以写为

$$E_{\mathrm{C}}^{\mathrm{LDA}}=\int \mathrm{d}^3 \boldsymbol{r} n(\boldsymbol{r}) \varepsilon_{\mathrm{C}}^{\mathrm{unif}}\left(r_s(\boldsymbol{r})\right) \tag{2-28}$$

其中，r_s 是 Wigner-Seitz 半径；$r_s \to 0$ 代表高密度极限；$r_s \to \infty$ 表示低密度极限；$\varepsilon_{\mathrm{C}}^{\mathrm{unif}}$（$r_s$）是每个电子的关联能。

一种最简单的描述关联能的方法是建立它与交换能的关系，即

$$\varepsilon_{\mathrm{XC}}^{\mathrm{unif}}\left(r_s\right)=F_{\mathrm{XC}}\left(r_s\right) \varepsilon_{\mathrm{X}}^{\mathrm{unif}}\left(r_s\right) \tag{2-29}$$

这里存在几种极端情况：

当 r_s=0（电子密度无限大）时，这时交换能远远大于关联能，则有 F_{X}=1。

当 $r_s \to 0$（电子密度很大）时，由于这时的库仑排斥作用是一长程相互作用，F_{X} 的变化非常明显，其满足

$$\varepsilon_{\mathrm{C}}^{\mathrm{unif}}\left(r_s\right) \to 0.0311 \ln r_s-0.047+0.009 r_s \ln r_s-0.017 r_s \tag{2-30}$$

当 r_s 很大（电子密度较低）时，其满足

$$\varepsilon_{\mathrm{C}}^{\mathrm{unif}}\left(r_s\right) \to-\frac{\mathrm{d}_0}{r_s}+\frac{\mathrm{d}_1}{r_s^{3/2}}-\ldots \tag{2-31}$$

其中，d_0=0.896，d_1=1.325。d_0 最早是由威格纳（Wigner）从 Wigner 晶体中推导出来的。

这样，交换能与关联能就基本描述出来了。一般情况下，LDA 对于小的体系的计算结果不太好，大体系中由于电荷密度相对均匀，因而 LDA 计算结果有一定提高。然而，对于原子物理学、量子化学以及固体物理中遇到的非均匀电荷密度体系，它会产生显著的误差，而对于这些体系，加入非局域修正非常有必要，因而人们对交换关联函数又发展了一种更为准确的近似方法——广义梯度近似。

2.1.5 广义梯度近似

广义梯度近似（generalized gradient approximation，GGA）（Perdew et al.,1992）是目前应用较为广泛的对交换关联能的近似方法，对于XC近似，广义梯度近似在固态计算中的应用越来越普遍，它是局部密度近似的进一步升级。LDA主要是对电子密度进行梯度修正。由于局域密度近似在描述电子密度变化较快的体系时存在较大的误差，因此人们在处理交换关联能的时候，不仅考虑其是电子密度的泛函，也考虑密度的梯度对交换关联泛函的影响，其表达式可以写为

$$E_{XC}^{GGA}[n]=\int d^3 r n(\boldsymbol{r})\varepsilon_X^{unif}(n)F_X(n,\ \nabla n) \tag{2-32}$$

因为它更好地描述了电子密度的非局域性质，因此这种近似方法已经被广泛应用在原子、分子和固体物理的描述中。其得到的结果相比于LDA有很大的改善，其准确程度甚至可以接近通过波函数方法计算得到的结果。当然，如果公式中包括更高阶的梯度指数，则能够给出更精确的交换能量，但这也相应地需要更长的计算时间，资源消耗更大。目前处理交换关联函数的方法有PW91（Kohn and sham，1965）、PBE（Kresse and Furthmuller，1996）等。

GGA的不同结构通常以相应的作者命名。例如，PW91-GGA（Kohn and sham，1965）代表1991年的Pedew和Wang的GGA组建。PBE-GGA（Kresse and Furthmuller，1996）代表Perdew等的贡献，该交换泛函也是固体材料学理论预测计算中最受欢迎的GGA近似值。Perdew以其对DFT和XC功能的深刻贡献而闻名，他们使用各种近似来描述密度函数近似的层次结

构的精确度。各理论如图 2–2 所示。

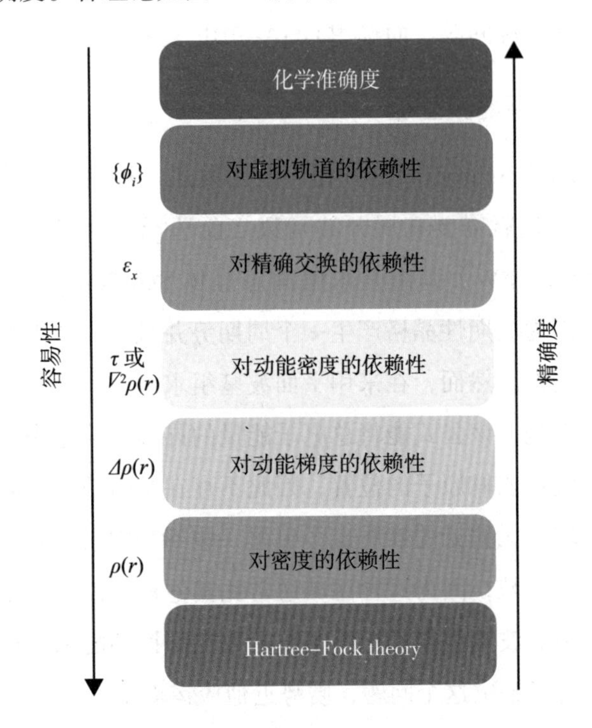

图 2–2　密度泛函理论交换泛函近似阶梯图

如图 2–2 所示，每个阶梯级都是用不同形式构造的交换泛函近似。从前面提到的 LDA 和 GGA 到包括 Kohn–Sham 动能的 meta–GGA。密度泛函理论交换泛函近似阶梯图中在 meta–GGA 梯子上的下一个方法是混合泛函方法，其中包含 Hartree—Fock（HF）理论的精确交换的一部分和 Heyd–Scuseria–Ernzerhof（HSE）交换泛函。这里，HSE06 考虑了精确部分的屏蔽库仑作用，因此在使用 HSE06 交换泛函计算材料时，结果被证明是可以计算出一个接近实际的准确的带隙和晶格常数。但是，其缺点是计算量较大，约是 GGA–PBE 交换泛函计算量的 10 倍，因此考虑到计算资源问题，而选用 GGA–PBE 交换泛函。

2.1.6 平面波基组

为了求解 Schrödinger 方程，波函数通常被表示成基函数的线性组合，这就需要在展开波函数之前选择一个基组。平面波（plane wave，PW）基组是求解固态晶体 Schrödinger 方程的很好选择。因为周期性晶格产生一个周期势并且相应地把电子密度赋予了周期性。然而，在采用平面波基组求解时，优点和缺点并存。其优点是，该公式能将总电子能量的许多项简化为波函数表示；平面波不依靠原子的位置，因此不存在基组叠加的问题。但是，这种均衡无偏见的性质也会引起一些不利因素：它不适用于描述不均匀区域，因为这种区域通常比其他地方需要更多的函数来描述；平面波基组很难把电子波函数在高振动的原子核区域进行展开。为了解决这个问题，赝势近似应运而生。

2.1.7 赝势

在具有周期性的固体中，电子被分成两种类型：核电子和价电子。因为描述核电子的运动需要大量的平面波，所以导致对全电子平面波的计算非常耗时。因此，原子核的库仑势以及被紧束缚的内核电子对价电子的影响可以用一个假想的势场来代替，称为赝势。考虑到核心电子的化学惰性及其高振荡波函数，它们对价电子的影响通常由赝势近似，以优化计算效率。赝势是一个平滑的函数，具有重建原始核心电子特性的能力。赝势的可转移性是决定电势性能的重要因素之一。在实际情况中，通常赝势是由一种元素一个孤立原子构成的，当用于复杂的多元素系统时，具有更高可转移性的电势可以模拟不同环境中的真实原子。在原子核区域采用赝势进行近似能够明显降低计算时间。该近似的理论依据是，在决定固体的物理性质方面，起重要作用的是价电子而不是紧紧围绕原子核运动的核电子。在该近似中，由核电子和原子核产生的真实势 v_{ion}（r）被一个弱的赝势V_{ion}^{PS}（r）所替代，替代的赝势V_{ion}^{PS}（r）作用于一组赝波函数 ψ^{PS}（r）而不是真正的价态波函数，如图 2-3 所示。

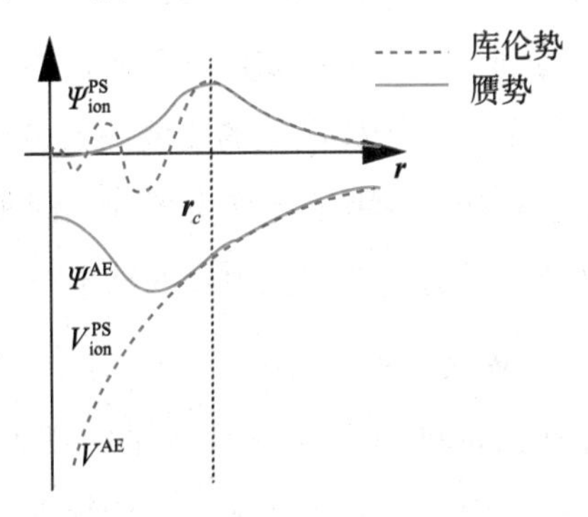

图 2-3　波函数在原子核的库仑势和赝势的对比示意图

由图 2-3 可以看出，相应的这组赝波函数 ψ^{PS}（r）和全电子波函数 ψ^{AE}（r）在某一选定的截断半径 r_c 以外是一致的，表现出相同的散射性质。然而，ψ^{PS}（r）在原子核区域并不具有能够引起振动节点的性质，因此可以由合理的平面波来描述。下面，本书简要介绍常用的两种赝势：超软赝势（USPP）（Kresse and Joubert，1999）和投影缀加平面波赝势（PAW）（Blöchl，1994）。

1. 超软赝势

超软赝势是为了能够使平面波基组计算过程中截断能的选取值减小，因为截断能量的取值大小直接影响计算收敛速度的快慢。相较于传统的模守恒赝势本身对迭代自洽收敛过程缺陷的存在，在第一性原理计算过程中利用超软赝势计算材料结构及性能，所选取的截断能在大多数情况下相对较小。该方法在保持截断能半径 r_c 不变的情况下，有效提高了应用于不同系统中的准确程度。通过弛豫正则限制，超软赝势能够获得更软、更平滑的赝波函数，从而达到使用少量的波函数就可以得到同样精度的计算。在该理论框架下，原子核区域的赝波函数也尽可能平滑，这减少了截断势能。USPP 应用于计算由多种不同种原子组成的复杂离子体系的材料性质时能够得到很好的结果。

2. 投影缀加平面波赝势

PAW 赝势是由 Blöchl（1994）引入的，即通过结合线性缀加平面波方法（LAPW）的灵活性优点与传统平面波赝势具有简单形式的优点。线性缀加平面波方法和传统平面波赝势被 PAW 赝势顺利扩展。相较于其他赝势而言，PAW 赝势作为一种全电子方法不仅克服了赝势方法学中无法获取全电子波函数的限制弊端，而且比超软等其他赝势计算所得的理论结果更加准确，因为 PAW 赝势获得全电子波函数的积分是利用全部空间内光滑函数以及缀加范围内局域函数而获取的。

2.2　计算软件

第一性原理计算是基于量子力学的基本原理。其主要是对体系中原子核和电子的运动进行近似处理，然后求解出薛定谔方程，从而得到体系的相关性质。首先，假设原子初始态电子密度 $n_{in}(r)$；其次，求解哈密顿量，并进一步由哈密顿量带入 KS 方程求解出基态波函数，这也是重新构建的电子密度，即基态电子密度 $n_{\mathrm{out}}(r)$；最后，比较初始输入的电子态密度和基态电子密度，计算总能。若初始输入的电子态密度和基态电子密度的差值小于收敛标准，则认为假设成立，可以将此基态电子密度作为研究体系的电子密度，这样就可以顺利研究目标体系的其他本征性能。反之，若初始输入的电子态密度和基态电子密度的差值不满足小于收敛标准，说明假设不成立，需要重新假设构建初始电子密度。在此过程中，两个重要的参数直接影响着自洽过程中的收敛速度，即 k 点和截断能的选取。根据布洛赫定理，k 点的选取直接影响 Schrödinger 方程对周期系统的求解。特别地，k 空间中的每个点与唯一的 k 向量相关联，并且通常被称为 k 点。利用系统的平移对称性，所有不等价 k 点都包含在 k 空间的有限子空间内，称为第一布里渊区（FBZ）。求解方程的过程主要是通过整合 FBZ 上的波函数而求解的。在计算中，FBZ 被离散化，由 k 点的网格定义的网格所表示。因此，这个网格必须足够大才能准确地对 FBZ 进行采样，但它又应该足够小，以减少计算时间和计算机内存。这是为获得可靠结果而需要进行的收敛测试之一。

只有经过 k 点的测试，才可以既保证计算的准确性又提高计算效率。与 k 点的数量相似，另外一个重要参数截断能必须足够大才能使总能量在可接受的精度范围内收敛。但是截断能太大又会花费更多的计算资源，因此也需要经过截断能测试才能既保证计算的准确性又提高计算效率。

第一性原理计算软件主要分为商业化软件包和可自行编程的软件，据不完全统计，有超过 70 种不同的软件包能够执行密度泛函理论计算。它们的主要区别在于赝势的类型、用于扩展波函数的基组的类型、编写的编程语言以及它是否是免费的或商业的等。其中，较为常用的计算软件包有 VASP、Gaussian、Materials Studio 等。本书主要使用 VASP 计算软件包和 Materials Studio 2017 中的 CASTEP 计算模块。

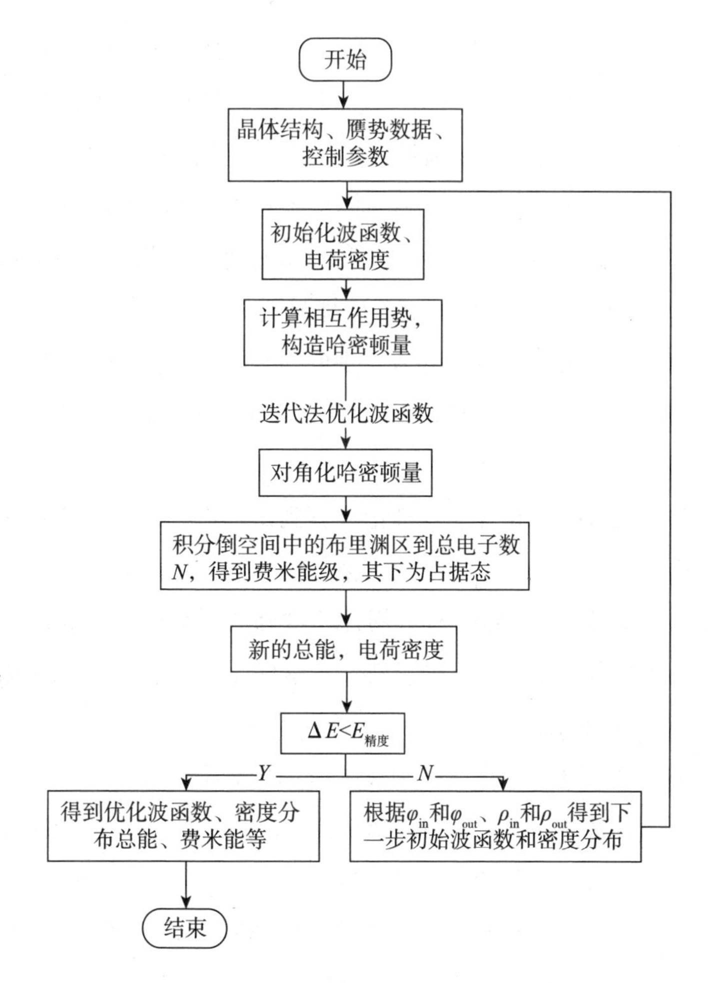

图 2-4　第一性原理计算流程

2.2.1　VASP 计算软件包

VASP 在超级计算机上的优化性能可以在更短的时间内获得良好的结果。该软件是采用赝势或投影缀加平面波方法进行的从头算量子力学及分子动力学计算的。因此，其计算机组的大小可以保持在很小的状态下，如从碳氮到过渡金属区域等，而且一般描述块体材料每个原子用不超过100个平面波即可，大多数情况下50个平面波足以满足需求。在软件包VASP中实施也是基于局域密度近似，根据自由能作为变量，精准评估每个动力学时间步长瞬时的电子基态。采用有效矩阵对角化及有效Pulay/Broyden电荷混合方法。VASP计算材料结构及性能是基于将电子和离子的运动方程结合起来实现的。它是一个用于材料模拟和计算材料科学的常用软件，以及密度泛函理论较流行的商业软件之一。

常用的VASP软件包从理论计算到入门再到性质计算有以下几方面优势。

（1）VASP软件包具有可用性非常高的赝势库，它提供了元素周期表中几乎全部元素的赝势，且这些赝势经过了仔细测试。

（2）入门简单。

（3）其实现的优化算法的效率高且稳定性好。

（4）计算范围广泛，采用周期性边界条件（或超原胞模型）处理原子、分子、晶体以及表面体系等。

（5）其可以计算材料中晶体结构内部原子键的键长、晶胞参数以及原子在不同晶体结构中所处的坐标等。

（6）其可以计算材料的机械加工性能、弹性模量、泊松比、维氏硬度、德拜温度等。

（7）其可以计算材料的电子结构，如能带、电子态密度以及差分电荷分布等，并根据计算结果分析材料内部的化学键（离子键、共价键和金属键等）特征。

2.2.2　CASTEP 计算软件包

CASTEP 是用于计算材料的各种属性的商业化软件包，包括量子力学和分子动力学。CASTEP 计算步骤可归纳为三步：第一，建立目标物质的周期晶体；第二，优化已建立的结构模型，包括最小化电子能量的稳定性和系统的几何构型；第三，计算所需的性质，如电子密度分布、差分电荷密度、能带结构、态密度、声子谱、光学性质、力学性能以及热力学数据等。在该过程中，周期系统的波函数问题由固态物理的布洛赫定理处理，并且简化了原始无限数量的单电子周期晶格的计算，仅计算单位晶胞电子。无限平面波基用于发展波函数的简化，省略了具有小贡献的高动能项，只留下了重要的低动能项。原子的真正库仑势被电势取代，这简化并避免了内部电子效应的影响，只需要处理一部分价电子即可，且多个电子之间的交换相关性还可以使用局部电子效应。局域密度近似或广义梯度近似用于执行这种简化和处理。显然，减少计算量可以更容易地模拟材料的微观尺寸并预测它们的基本电子特性。与 MS 中的其他计算软件包不同，CASTEP 特性适用于计算周期性结构。对于非周期性结构，特定部分通常用作周期性结构，并且小平面或非周期性结构放置在有限长度的空间框架中。根据周期性结构，周期性空间方盒的形状不受限制。采用周期结构的原因是，根据布洛赫定理，周期结构中的每个电子波函数可以表示为波函数和晶体周期的一部分乘积。它们可以通过使用晶体倒易晶格向量作为波矢量的一系列离散平面波函数来开发。因此，每个电子波函数是平面波和，但最重要的是可以大大简化 Kohn–Sham 方程。另外，使用周期性结构还可以方便地计算由原子位移引起的总能量变化。在 CASTEP 中引入外力或压力很方便，可以有效地实现几何结构优化和分子动力学模拟。平面波群可以直接实现有效收敛。

在本书的计算硬件和软件方面，主要是通过 SSH（远程连接工具）远程登录，在中国科学院宁波材料与技术研究所的超级计算中心的服务器上完成。目前已搭建材料计算用超算平台，其计算节点由 100 台曙光 SR60–T20 双路刀片构成，每台刀片计算节点配置两颗 Intel Xeon E52630 v32.4 GHz 八核处理器，64 GB 内存，共计 1 600 核处理器。另外，笔者在研究过程中，还使用了深圳超级计算机平台以及美国普渡大学 560 核和 500 核的计算节点，合计 1 060 核。以上高性能的超算平台能够满足本项目的计算模拟研究。中国科学院宁波材料与技术研究所的超级计算中心的服务的理论计算所必需的刀片式超级计算平台包括新近购入的 1 600 个 Intel 计算核心和近年累计的 800 个计算核心单元。同时，服务器安装了诸如 Gaussian、LAMMPS、Gromacs、VASP、Materials Studio 等常用的分子模拟与材料设计的计算软件，各种常用编程语言（如 C 语言、Fortran 语言）以及 MPI 并行编程环境等的编译器，可以满足本书计算模拟科研工作的需求。

第3章　锕系三元层状碳化物的结构与性能预测

核燃料的优劣直接影响核能系统的经济性和安全性，因此反应堆的设计需要认真考虑核燃料的问题。目前，二氧化铀陶瓷型燃料的应用较为广泛，且人们对二氧化铀性能的研究也非常深入。二氧化铀陶瓷具有化学稳定性好、熔点高等优点，这使它在核能发展前期成为绝对主流的燃料类型。但它也有一些弱点，如导热性差、密度小等。导热性差限制了燃料元件的尺寸和反应堆的功率；密度小则使可裂变核素的核密度小，使有效增殖系数和可以达到的燃耗深度都偏小。

近年来，各种其他类型的核燃料陆续涌现，如金属型燃料、碳化物燃料、氮化物燃料等，它们以其特有的性质赢得了人们的青睐，尤其是随着快中子增殖堆、嬗变堆等新堆型的出现，研究新型、高性能的快堆核燃料成为大势所趋。其中，二氧化铀的熔点最高，往下依次为氮化铀、碳化铀和金属铀。二氧化铀的导热性能在四种燃料中是最差的，这在一定程度上削弱了其高熔点的优势。其他三种材料的导热性能均良好，这样便可以制作较大尺寸的燃料元件，进而弥补其熔点低的缺点。三种陶瓷燃料辐照行为更多表现为裂变气体引起的肿胀，相比较来说，氮化铀的肿胀远远小于其他两种陶瓷燃料。需要指出的是，氮化铀燃料中的氮 -14 可以以十几个毫靶的截面发生反应生成碳 -14，碳 -14 的放射性会影响燃料循环的成本。从以上分析可以看出，各种燃料都有自己的优缺点，但相对来说碳化铀具有较高的熔点，且具有较好的各项性能，因此碳化铀燃料将是未来燃料的趋势。但是碳化铀燃料有一个严重的问题，即碳化铀燃料在空气中会自燃，且容易氧化。因此，本章基于前面所述集抗高温氧化、耐辐照损伤和可以容纳氦泡等许多优异特性于一身的三元层状结构材料的研究思想，设计并预测新型含有铀（钚和钍）的三元层状碳化物燃料的稳定性及力学性能（由于在核工业体系中常用的是铀、钚和钍三种核素，因此本章选择了这三种元素作为锕系研究对象）。此外，本章在三元层状碳化物结构的基础上进一步设计锕系基二维层状结构模型并研究了它们的电子结构及性能。

3.1 计算细节及模型搭建

本节采用基于第一性原理密度泛函理论的投影缀加波（projector-augmented-wave，PAW）方法的 VASP 软件包计算平衡晶格常数和各种性能。PAW 方法用于描述离子与电子之间的相互作用，即赝势主要采用交换关联泛函为广义梯度近似 GGA-PBE 泛函描述。平面波的截断能设置为 550 eV，在优化过程中，结构优化时设定的力的收敛标准为 1.0×10^{-5} eV/Å，能量的收敛

标准设定为 1.0×10^{-7} eV/unitcell。基于六角原胞的布里渊区，对应的 K 点网格设为 $12\times12\times1$。为计算电子能带结构，在布里渊区布 60 个 K 点。所有的结构模型都可在 Vesta 软件和 MS 窗口中可视化。声子谱计算是利用基于密度泛函微扰理论（DFPT）与 Phonopy 软件包的结合，并在计算中产生声子频率以及得到力学常数数据。

关于模型的搭建，本章共搭建了五种，如图 3–1 所示，蓝色小球模型代表锕系原子铀钚钍，粉色小球代表铝原子，灰色小球模型代表碳原子，当蓝色小球模型为铀原子时，这五种结构是由 n 个 UC 和 Al_3C_2 或者 Al_4C_3 层层堆叠而成，如 UAl_3C_3 是由 1 个 UC 和 Al_3C_2 堆叠而成，$U_2Al_3C_4$ 是由 2 个 UC 和 Al_3C_2 堆叠而成，$U_3Al_3C_5$ 是由 3 个 UC 和 Al_3C_2 堆叠而成，$U_2Al_4C_5$ 是由 2 个 UC 和 Al_4C_3 堆叠而成，$U_3Al_4C_6$ 是由 3 个 UC 和 Al_4C_3 堆叠而成。

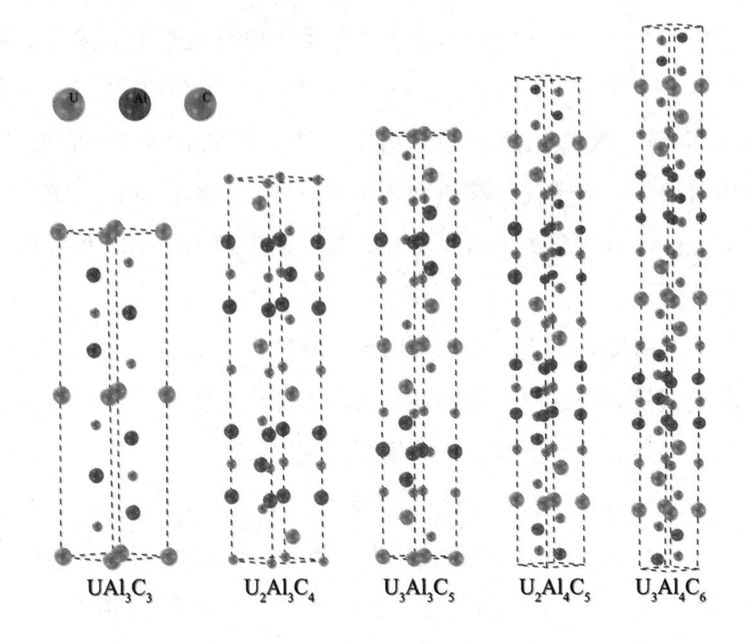

图 3-1　五种三元层状碳化物的结构模型

3.2　结构优化

本书按照前面所述的计算细节参数进行了高精度的结构优化，计算结果如表 3-1 所示。对于 UAl_3C_3 相，计算所得的晶胞参数 a=3.381Å，c=17.41Å，该计算结果与 Gesing 和 Jeitschko（1998）的实验结果十分吻合，从而也更加证实了本章的计算方法与参数设定的合理性。由 $U_2Al_3C_4$ 相的结算结果可以看出，$U_2Al_3C_4$ 相的 a 值基本与 UAl_3C_3 接近，而 c 值增加至 23.31Å，这也可以看出，晶胞参数随着其组成单元 UC 的增加而增大，其

中 $U_3Al_4C_6$ 的 *a* 和 *c* 值最大，分别 3.403Å 和 51.31Å，这是由于 $U_3Al_4C_6$ 是由 3 个 UC 和 Al_4C_3 堆叠而成引起的。其中，在 UAl_3C_3 和 $U_2Al_3C_4$ 结构中，铀碳之间的键长分别为 2.55Å 和 2.45Å，该键长数据结果接近于 Shi 等（2010）研究结果中的 UC 而小于 U_2C_3 中的 U–C 键，这从一定程度上可以说明，在这种类 MAX 相的铀铝碳三元层状结构中，碳化铀可以保持其状态及铀碳键的键强。

表 3–1　五种三元层状碳化物结构优化参数

结构	*a*（Å）	*c*（Å）	U–C（Å）	空间群	数据来源
UAl_3C3	3.381	17.41	2.55	$P6_3/mmc$	本书
UAl_3C_3	3.387	17.39	—	$P6_3/mmc$	Gesing 和 Jeitschko（1998）
$U_2Al_3C_4$	3.397	23.31	2.45	$P6_3/mmc$	本书
$U_2Al_4C_5$	3.404	42.32	2.46	R3m	本书
$U_3Al_3C_5$	3.290	31.53	2.46	$P6_3/mmc$	本书
$U_3Al_4C_6$	3.403	51.31	2.46	R3m	本书

3.3　晶格动力学行为（声子）及本征稳定性

为了预测上述五种铀铝碳三元层状结构的稳定性，本书选用超胞法计算。即先将这些结构扩胞，再计算这些结构的声子谱。相比于 CASTEP 中的线性计算方法而言，这种扩胞计算方法（VASP+Phonopy）的计算量比较小，匹配度高，目前理论计算研究人员预测结构晶格动力学稳定性研究中通常采用 VASP + Phonopy 的方法。

声子是“晶格振动的简正模能量量子”，在固体物理中常用声子描述晶格的简谐振动。声子色散反映的是每个不同原子对应的声子频率根据晶体结构的布里渊区中的沿高对称方向上移位向量的变化而改变的情况。声子频率的计算实质是求解力常数矩阵。在不断地求解过程中，若出现声子频率数值为负数的情况，表现为虚频特征，说明所预测的结构是动力学不稳定的结构材料。五种铀铝碳三元层状碳化物结构的声子谱计算结果如图 3–2 所示，从图中可以清楚地看到，图 3–2（a）和图 3–2（b）中的声子频率均在零点以上，而图 3–2（c）、图 3–2（d）、图 3–2（e）中有的声子频率出现在零点以下。这说明，对于铀铝碳 133 相和 234 相，其声子频率均为正值（实数），表明了这两相的动力学稳定性；然而，铀铝碳 335 相、245 相和 346 相则出现了声子频率为负数的情况，这表明了这三相在 0 K 下是动力学不稳定的。因此，下面将进一步研究稳定相铀铝碳 133 相和 234 相的电子结构及性能。

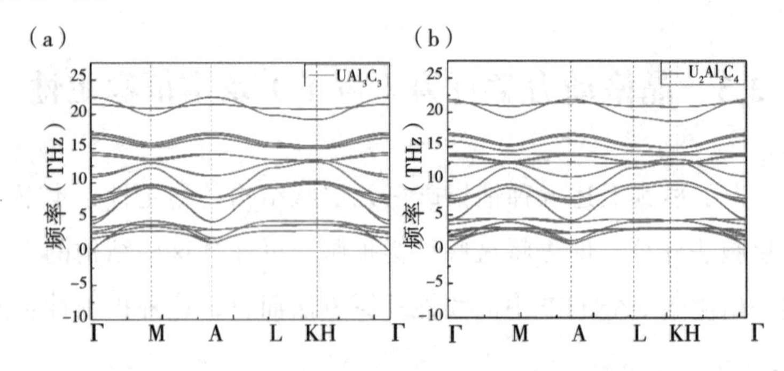

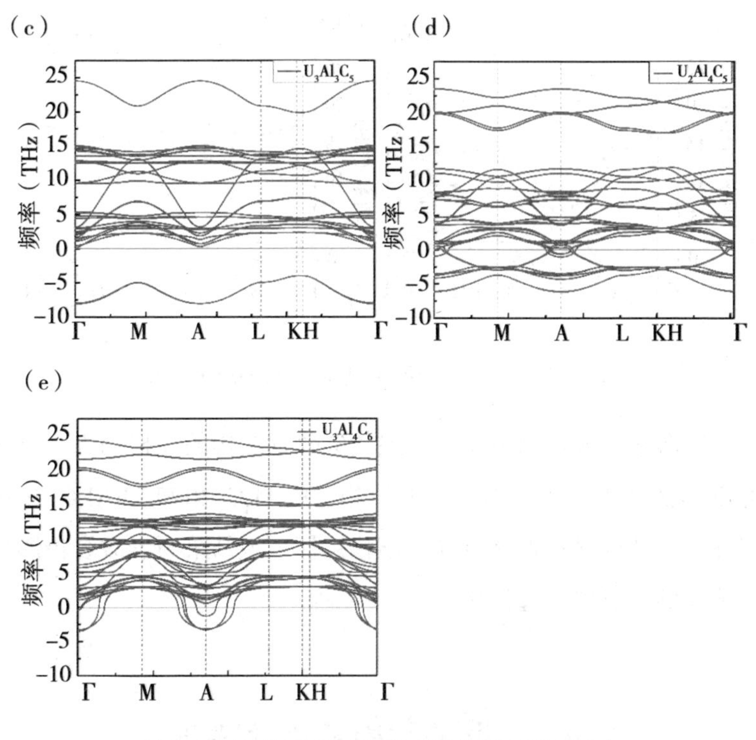

图 3-2 五种三元层状碳化物结构的声子谱图

此外，本章根据锕系中铀基三元层状碳化物晶格动力学稳定性计算结果，进一步搭建了钚基三元层状碳化物和钍基三元层状碳化物机构模型，按照上述计算细节进行结构优化和声子频率计算，计算结果如图 3-3 所示。根据 $PuAl_3C_3$ 和 $ThAl_3C_3$ 的声子频率谱图可知，这两种锕系基三元层状碳化物的声子频率均位于零点以上，没有出现虚频出现，该结果表明与 UAl_3C_3 类似的 $PuAl_3C_3$ 和 $ThAl_3C_3$ 结构具有动力学稳定性。

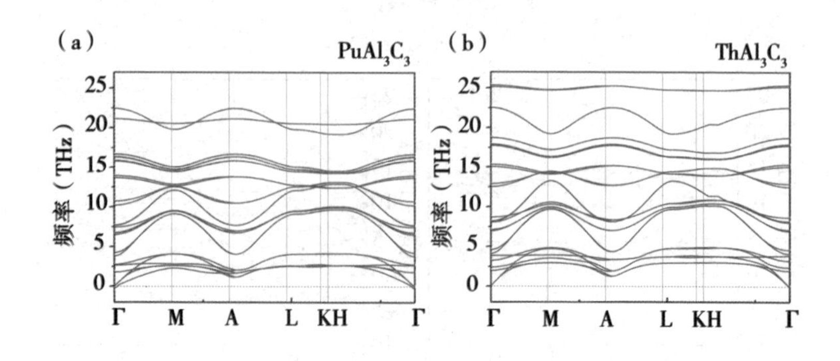

图 3–3　$PuAl_3C_3$ 和 $ThAl_3C_3$ 结构的声子谱图

根据本节探索锕系基三元层状碳化物结构的晶格动力学行为可以预测出 UAl_3C_3 相、$U_2Al_3C_4$ 相、$PuAl_3C_3$ 相和 $ThAl_3C_3$ 相这四种层状结构材料都具有动力学稳定性，该结果为事故容错燃料系统提供了新型候选材料。

3.4　电子结构及化学键合

电子态密度是在以电子能级为准连续分布的情况下的电子信息。本节计算了研究目标体系铀铝碳结构的电子态密度信息，计算结果如图 3–4 和图 3–5 所示，分别呈现的是铀铝碳 133 相和 234 相的总态密度和分波态密度。为了使结果分析更具直观性，本书给出了对应的三维可视化图，分别位于图 3–4 和图 3–5 中的上方。从 UAl_3C_3 相和 $U_2Al_3C_4$ 相的电子态密度图中可以看出，在费米能级处的态密度不为 0，表示 UAl_3C_3 相和 $U_2Al_3C_4$ 是金属性质。

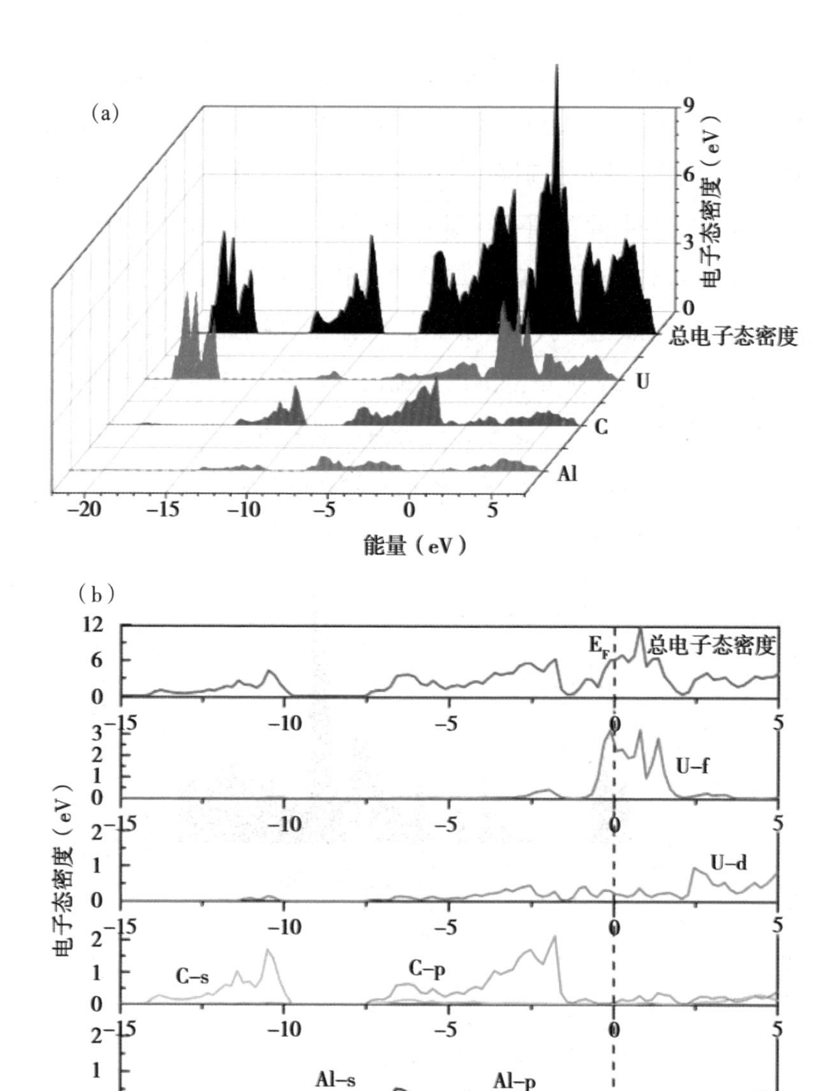

图 3-4　UAl_3C_3 结构的总电子态密度及分波电子态密度图

电子态密度可以帮助人们更深入地了解锕系层状碳化物结构中化学键的信息。从图 3–4 可以看出，碳原子的 p 轨道与 Al 原子的 p 轨道、s 轨道分别在 –5.0 ～ –1.5 eV 以及 –7.5 ～ –5.0 eV 能量范围内有明显的重叠，该信息说明，在铀铝碳 133 相中存在两种不同类型的 Al–C 键，一种是碳原子位于 Al_3C_2 层中间，另一种是碳原子位于 UC 和 Al_3C_2 之间。特别需要指出的是，在 –2.0 ～ –7.5 eV 能量范围内，铀的 d 轨道、f 轨道与碳的 p 轨道发生了较大的重叠，这充分说明铀与碳之间形成了化学键。从以上信息可以看出，碳不仅与铝铀有较强的相互作用，而且与铀也有着强相互作用。

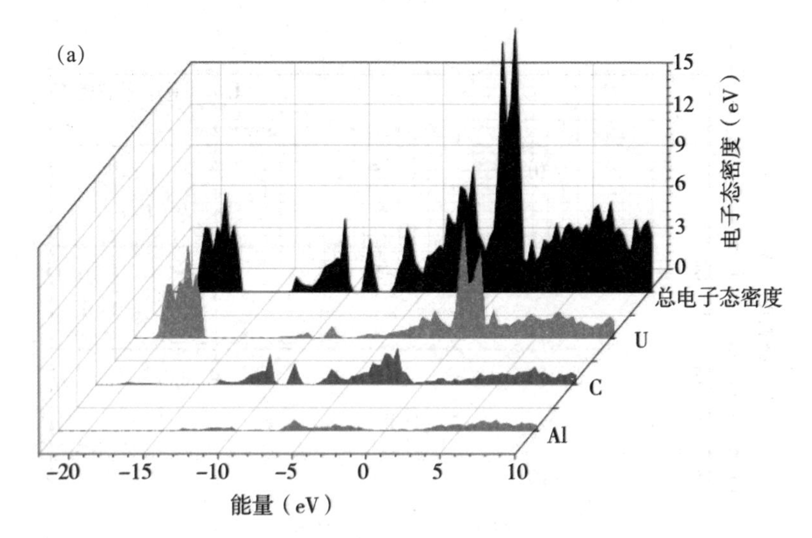

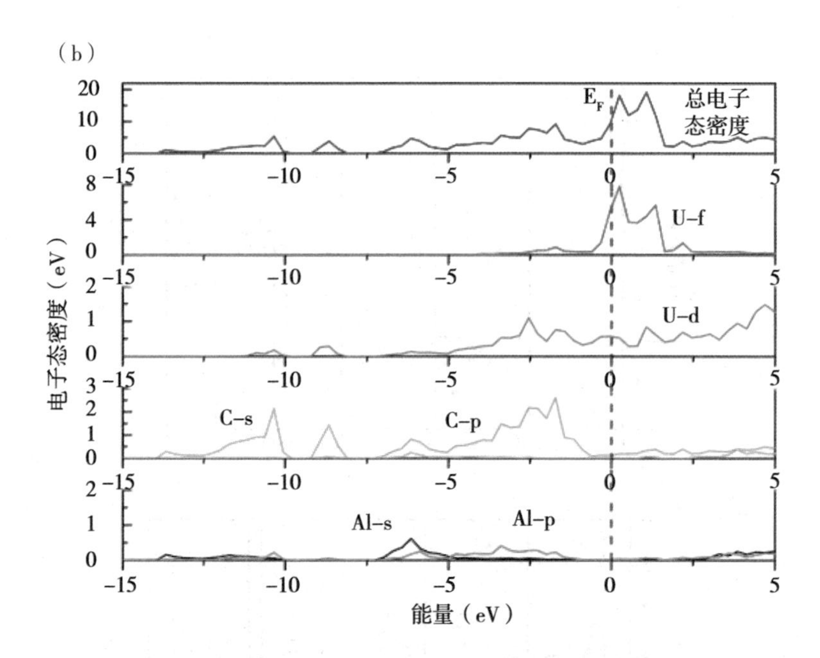

图 3-5　$U_2Al_3C_4$ 结构的总电子态密度及分波电子态密度图

在铀铝碳 234 相中也有着相似的键合特征，从图 3-5 可以看出，铀碳之间的 d-p 轨道杂化的能量范围为 –2.5 ～ –7.5 eV，此外铀的 f 轨道和碳的 p 轨道在能量为 –2.0eV 左右也有明显的相互作用。此处，周洁（2017）还对比了其他典型的类 MAX 相层状结构 Zr–Al–C 的成键特征，他指出在锆铝碳 335 相中，碳的 p 轨道和锆的 d 轨道在 –7.4 ～ 0 eV 能量范围内有明显杂化，表明锆碳之间有较强键合。这说明，本章所计算的铀铝碳化合物中的铀碳之间的键合作用与周洁（2017）报道中的锆铝碳层状材料中的成键特征一致，从而可以更进一步说明锕系中 f 电子的贡献也可以作为这种典型的类 MAX 层状结构的研究，锕系层状碳化物、铀铝碳 133 相和 234 相结构与类 MAX 相结构相似。

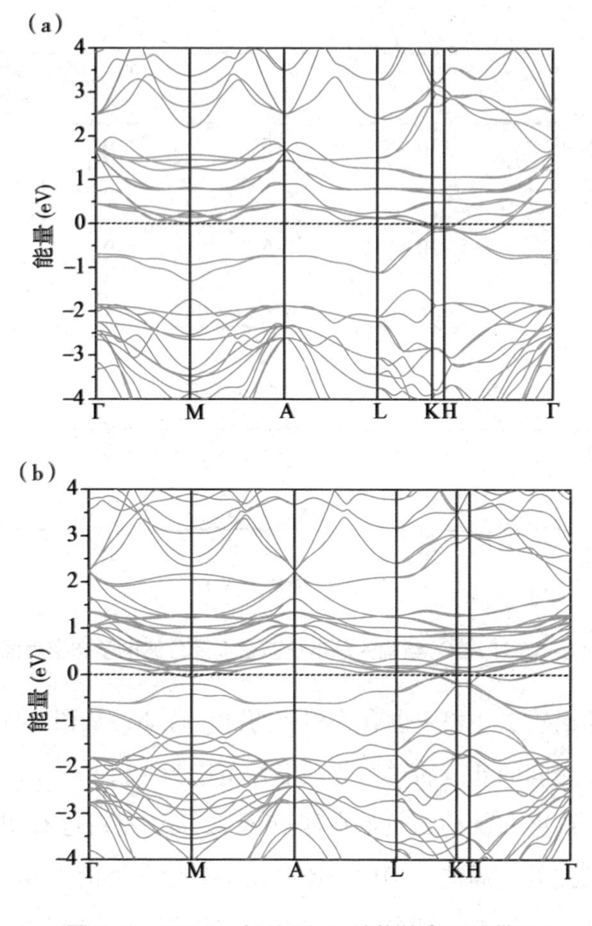

图 3–6 UAl_3C_3 和 $U_2Al_3C_4$ 结构的电子能带图

此外，本章还计算了铀铝碳三元层状结构稳定相 133 和 234 相的电子能带图，如图 3–6 所示，能带数据显示这两个结构均为金属性。该计算结果与电子态密度信息结果是一致的。此外，通过图 3–4 和图 3–5 还可以看到，在费米能级附近主要是由铀原子的 f 轨道所贡献，这表明 U–f 态主要负责电导率（类似于大多数

MAX 相，主要有过渡金属的 d 电子贡献）。

3.5　力学性能

对弹性常数的认识是理解固体材料力学性能的重要环节，包括体模量 B、剪切模量 G 和杨氏模量 E。为了研究前面所述铀铝碳体系中两种稳定相 133 相和 234 相的力学性能，本书将优化好的结构采用 VASP 计算晶体的有限微扰，计算了两者的力学常数。采用 Voigt–Rmss–Hill 近似的方法（Reddy and Chakradhar，2007；Hadi et al.,2019）计算所研究的铀铝碳三元层状材料的弹性模量，计算公式如下：

$$B_V = \frac{1}{2}\left[2\left(C_{11}+C_{12}\right)+4C_{13}+C_{33}\right] \tag{3–1}$$

$$G_V = \frac{1}{30}\left(C_{11}+C_{12}+2C_{33}-4C_{13}+12C_{44}+12C_{66}\right) \tag{3–2}$$

$$B_R = \frac{\left(C_{11}+C_{13}\right)C_{33}-2C_{13}^2}{C_{11}+C_{12}+2C_{33}-4C_{13}} \tag{3–3}$$

$$G_R = \frac{5C_{44}C_{66}\left[\left(C_{11}+C_{12}\right)C_{33}-2C_{13}^2\right]}{2\left\{3B_V C_{44}C_{66}+\left[\left(C_{11}+C_{12}\right)C_{33}-2C_{13}^2\right]\left(C_{44}+C_{66}\right)\right\}} \tag{3–4}$$

体模量 B、剪切模量 G、杨氏模量 E 和泊松比通过以下公式计算所得

$$E = \frac{9BG}{3B+G} \tag{3–5}$$

$$v = \frac{3B - 2G}{2(3B + G)} \tag{3-6}$$

$$B = \frac{1}{2}(B_R + B_V) \tag{3-7}$$

$$G = \frac{1}{2}(G_R + G_V) \tag{3-8}$$

计算结果如表 3–2 所示。

表 3-2　UAl_3C_3 和 $U_2Al_3C_4$ 的力学性能计算数据

单位：GPa

化合物	C_{11}	C_{12}	C_{13}	C_{33}	C_{44}	B	G	B/G	E	σ	数据来源
UC	169	146	—	—	47.3	154	61	2.5	162	0.34	Shi 和 Zhang（2009）
Al_4C3	345	115	48	377	107	165	123	1.3	296	0.20	Zhou 等（2013）
UAl_3C_3	304	115	97	326	154	172	176	0.98	394	0.12	本书
$U_2Al_3C_4$	239	108	134	318	139	169	137	1.2	323	0.18	本书
$Zr_2Al_3C_4$	420	109	88	366	171	196	161	1.2	379	0.18	Zhou 等（2013）
$Hf_2Al_3C_4$	447	129	102	387	191	216	171	1.3	406	0.19	Zhou 等（2013）

六角晶体结构必须满足力学参数基本条件，$C_{11}>0$，$C_{33}>0$，$C_{44}>0$，且（$C_{11}-C_{12}$）>0，（$C_{11}+C_{12}$）$C_{33}>2C_{13}C_{13}$，方可以证明晶体结构的力学稳定性。根据表 3–2 的计算结果及前述基本条件可知，本章所计算的 UAl_3C_3 和 $U_2Al_3C_4$ 结构都是力学稳定的。弹性常数 C_{11} 和 C_{33} 分别显示了晶体结构在 a 和 c 方向上的线性抗压缩强度。从表 3–2 计算结果可以看出，对于 UAl_3C_3 和 $U_2Al_3C_4$ 结构三元层状碳化物材料，弹性常数 C_{33} 明显大于 C_{11}，这显示出三元层状碳化物材料沿 c 轴方向的抗压缩强度要比沿 a 轴的高。而 Zhou 等（2013）报道的锆系和铪系的 234 相结构材料的弹性常数 C_{11} 大于 C_{33}，这说明它们沿 a 轴方向的抗压缩强度高于其沿 c 轴方向的抗压缩强度。一旦讨论材料的力学性能，一般会考虑晶格的畸变以及在形变时产生的微小裂纹对该结构材料力学性能的影响。而各向异性广泛存在于各种材料之中，尤其对晶体结构，不同方向上其性能也存在差异，且有严格的对称性。一般地，晶体材料的弹性各向异性的弹性常数计算结果表现为 $C_{11}>C_{33}$ 或 $C_{33}>C_{11}$。那么，根据此标准结合计算结果（表 3–2）可知，UAl_3C_3 和 $U_2Al_3C_4$ 结构三元层状碳化物材料的弹性常数 C_{33} 明显大于 C_{11}，可以判断这两种三元层状碳化物具有弹性各向异性。此外，弹性模量 C_{12} 与 C_{44} 的差值（$C_{12}-C_{44}$）被定义为柯西压力，它是反映固体材料的延展性与脆性的一个特征指标，若其为正数，则材料表现韧性，反之则为脆性。从计算结果（表 3–2）可以看出，UAl_3C_3 和 $U_2Al_3C_4$ 结构三元层状碳化物材料的弹性常数 C_{12} 均小于 C_{44}，因此，这两种三元层状材料的柯西压力为负值，表现为脆性材料。

此外，表 3-2 还列出了本章的研究体系铀铝碳中稳定存在相 133 相和 234 相这两相以外相关文献所报道的关于 UC、Al_4C_3、$Zr_2Al_3C_4$ 和 $Hf_2Al_3C_4$ 结构的力学性能数据。通过数据比较可以看出，碳化铀的剪切模量明显低于铀铝碳 133 相和 234 相，这说明在剪切作用下，铀铝碳 133 相和 234 相有更强的抗剪切强度。此外，对比杨氏模量数据可以看出，碳化铀 UC 的杨氏模量为 162 GPa，而铀铝碳 133 相和 234 相的杨氏模量分别为 394 GPa 和 323 GPa。这说明，如果把这两种铀铝碳层状碳化物加工成核燃料材料，其抗拉伸性能要强于碳化铀 UC 核燃料。此外还发现，这两种铀铝碳层状结构材料的杨氏模量 E 以及剪切模量 G 的值都要大于纯的 Al_4C_3，这意味着这种三元层状结构材料的刚度要比 Al–C 二元化合物强。

以上分析说明，对于这种铀铝碳层状化合物 133 相和 234 相来说，两者并不是简单的 UC 和 Al_3C_2 的层状堆叠，而是一种协同增强效应。从 UAl_3C_3 到 $U_2Al_3C_4$，随着 UC 层的厚度增加，其体模量、剪切模量和杨氏模量值有所减小。这可能是由于在铀铝碳 133 相结构中 Al–C 键（键长为 2.067Å 和 2.022Å）稍强于在 234 相中的 Al–C 键（键长为 2.077Å 和 2.025Å）所导致的。此外，从表 3-2 中可以看出，$Zr_2Al_3C_4$ 和 $Hf_2Al_3C_4$ 结构（Zhou et al.,2013）的力学强度要高于本书中的 $U_2Al_3C_4$。

研究人员惯用 B/G 比值描述材料的延展性或脆性，临界值为 1.75，低于临界值为脆性材料，高于临界值则表示材料具有良好的延展性。基于此经验比值，可以判断出铀铝碳 133 相和 234 相均为脆性材料。该结果与 Matar 和 Pöttgen（2012）报道的

$U_3Si_2C_2$ 层状材料性能一致。

相比于其他力学常数，泊松比不仅能反映出材料由拉伸作用产生的应变，还能为其键合作用提供一定的基本信息。根据 Matar 和 Pöttgen（2012）、Bai 等（2018）所描述的那样，若材料中的共价键成分居多，反映在泊松比值上则较小，那么根据表 3-2 中的计算结果可推断，在铀铝碳三元层状结构的 133 相和 234 相化合物中共价键起着主导作用。此外，泊松比也是表征晶体材料本征物性的重要参数，它可以预测固体材料抗剪切稳定性。泊松比的值越小预示着材料抗剪切能力越强。因此，从本章理论计算数据可以看出，本书所计算的结构材料抗剪切稳定性顺序为 UAl_3C_3>$U_2Al_3C_4$，且该计算结果与 Zhou 等（2013）报道的锆系铪系 234 相 MAX 相结构的泊松比值是一致的。同时，泊松比是预测晶体材料模型失效的重要工具，0.26 为临界值，若晶体结构的泊松比小于 0.26，表示该材料发生的是脆性失效，若晶体结构的泊松比大于 0.26，则表示该材料发生的是韧性失效；若结合本章计算的铀铝碳三元层状碳化物结构的泊松比，本章预测这两种固体材料一旦遭遇破坏会发生的是不经过形变的脆性断裂。

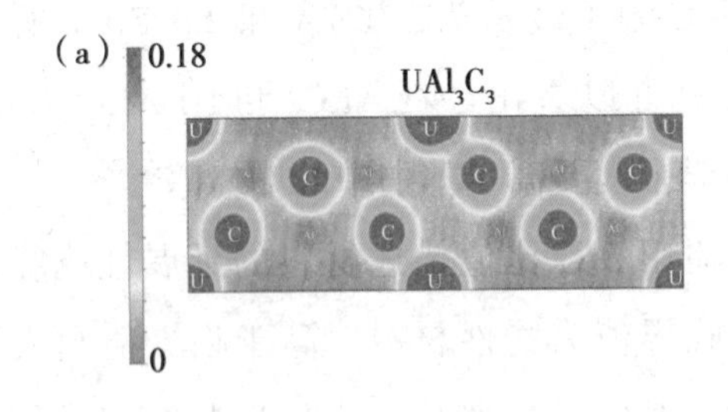

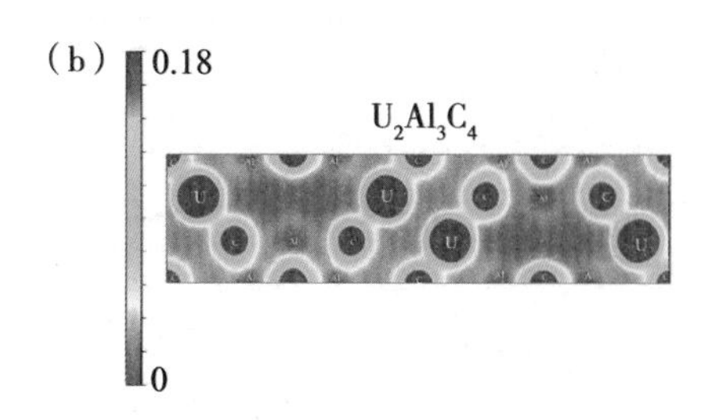

图 3-7 UAl_3C_3 和 $U_2Al_3C_4$ 的差分电荷密度分布图

为了验证晶体内部成键成分作用的推断，本章计算了这两种稳定层状碳化物的差分电荷密度，计算结果如图 3-7 所示。从图 3-7（a）中的 UAl_3C_3 和图 3-7（b）中的 $U_2Al_3C_4$ 电荷密度分布可以看到，无论是在 133 相内部还是在 234 相内部，铀与其邻近碳之间形成了电荷共享区（绿色区域），以此可以判断出在这两种铀铝碳层状碳化物中铀与碳的相互作用为共价键性质。该结果与前述泊松比值反映的信息是一致的。

3.6 电子热导预测

为了进一步评估本章所预测的三元层状碳化物 UAl_3C_3 和 $U_2Al_3C_4$ 在事故容错燃料系统中的应用潜力，本节根据 BoltzTrtp 软件，结合 VASP 软件包分别计算了 300K、600 K、900 K、1 200 K 和 1 500 K 温度下两种三元层状碳化物的电子热导（电子散射时间取 1.0×10^{-14} s）。计算结果如图 3-8 和图 3-9 所示。

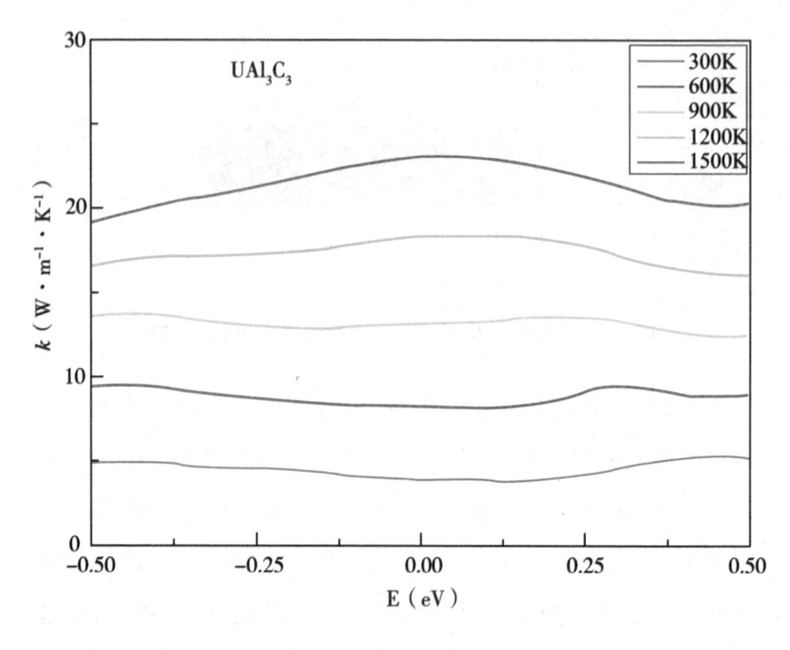

图 3-8　UAl_3C_3 的热导率

从图 3-8 可以看出，费米能级处金属性三元层状碳化物 UAl_3C_3 电子热导随着温度的升高而增大，这是由于温度的升高使晶格振动越来越剧烈，其平均自由程则减小，因此晶格热导减小，电子热导占主导地位，此处仅计算了其电子热导。同时，电子运动会随着温度的不断升高而加剧，导致电子平均自由程增大，因此该层状碳化物的电子热导增大。1 500 K 高温环境下，三元层状碳化物 UAl_3C_3 的热导值约为 23.1 W/（m·K）。

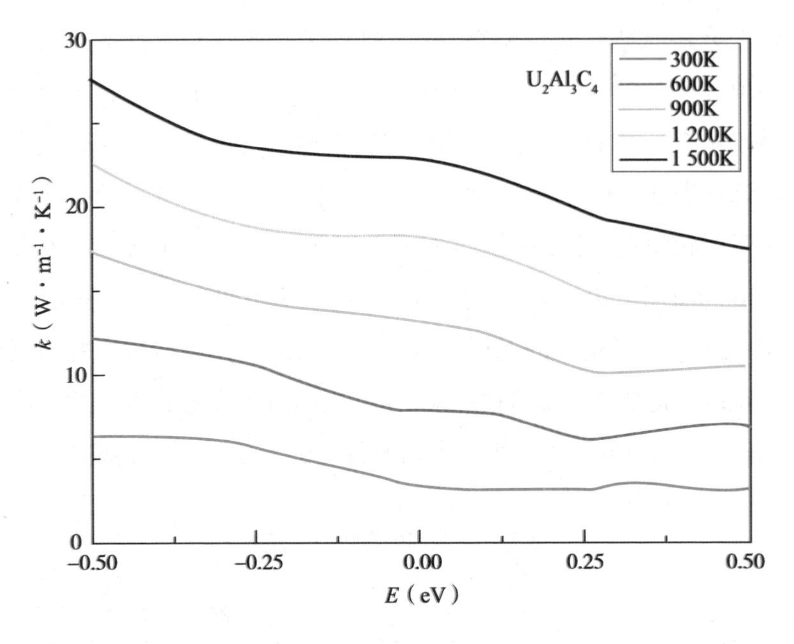

图 3–9　$U_2Al_3C_4$ 的热导率

从图 3–9 可以看出，在高温环境中，费米能级处的 $U_2Al_3C_4$ 电子热导随着温度的升高而增大。忽略晶格热导的影响，由于其金属性，所以温度越高其热导性能越好。1 500K 高温环境下，三元层状碳化物 $U_2Al_3C_4$ 的热导值约为 22.9 W/（m·K）。

Alekseev 等（2014）对一系列核燃料候选材料进行评估，结果如表 3–3 所示。在高温 1 000 ℃时，UO_2 的热导率值为 3.6 W/（m·deg），1273.1 K 时 UC 的热导率值约为 20 W/（m·K），而本节所预测的三元层状碳化物 UAl_3C_3 和 $U_2Al_3C_4$ 在 1 300 K 时，两者的热导率值要高于表 3–3 中候选核燃料的热导。尤其是在相比于 UC 核燃料高合金体系，文献报告其在高温 2173.1 K 时，$U_xZr_{1-x}C$ 体系热导率为 17 ～ 18 W/（m·K），本书所计算

的三元层状碳化物 UAl_3C_3 和 $U_2Al_3C_4$ 在 1 500 K 高温下的热导率值分别达到了 23.1 W/（m·K）和 22.9 W/（m·K），充分显示出本书所预测的三元层状碳化物 UAl_3C_3 和 $U_2Al_3C_4$ 在事故容错燃料系统中有良好的应用前景。此外，由于该三元层状碳化物属于层状陶瓷材料，并且 A 位是 Al 层，根据 Barsoum（2000）、Palmquist 等（2004）、Li 等（2019）的研究可知，在高温环境中，Al 层形成缓慢生长的保护性氧化铝（Al_2O_3）层，这种致密的氧化物薄膜将材料紧紧保护起来，进而避免了材料被高温氧化。因此，该部分计算为发展事故容错燃料提供了有力的基础依据。

表 3-3　含铀核燃料热导数据

单位：W/（m · deg）

化合物	1 000 ℃下的热导率值	1 900 ℃下的热导率值
UO_2	3.6	—
UN	15	—
UC	20	—
UP	17.2	—
US	15	—
$U_xZr_{1-x}C$	—	17 ～ 18

3.7 铜系三元层状碳化物的实验合成及表征

根据前述理论预测铀铝碳三元层状结构的稳定性结果，本章在有限实验条件下合成出铀铝碳 133 相和 234 相。

3.7.1 实验方法

将碳化铀粉（纯度 95 wt%，实验室自制）以及 Al 粉（纯度 99 wt%，粒度 300 目，北京有色金属研究院靶材中心）按比例装入聚乙烯罐中，用乙醇和二氧化锆为研磨介质进行球磨混合，24 h 后取出，置于 50 ℃的烘箱中烘干，烘干后将粉料干压到直径为 10 mm、厚度为 3 mm 的模具中，然后置于管式炉中在 Ar 气氛保护环境中设定所需烧结温度（1 200 ～ 1 400 ℃）进行烧结，升温速率为 10 ℃ /min。

采用 X 射线衍射仪（XRD，D8 Discover，Bruker AXS，Germany）进行物相分析，以 CuK α（λ=0.154 7 nm）为射线源，2θ 角的扫描范围为 10° ～ 90° ，扫描步长设为 0.01° 。采用扫描电子显微镜（SEM，HitachiS-4800）对样品的形貌及成分进行分析。由于实验的特殊性，实验表征仅能至此，其他表征手段均不能实施。

3.7.2 实验表征及分析

根据图 3-10 中 XRD 表征所检测到的峰与 UC（JCPDS Card No.09-0214）、UAl_3C_3（JCPDS Card No.50-1200） 和 $U_2Al_3C_4$

（JCPDS Card No.50–1198）的标准卡对比可以得出以下信息：随着高温烧结，铀铝碳化合物逐渐被合成，在 1 200 ℃时，仅仅有少量的 UAl_3C_3 和 $U_2Al_3C_4$ 相，XRD 峰仍然以碳化铀原料为主，通过定量分析，主分分别为 UC，69 wt%；UAl_3C_3，19 wt%；$U_2Al_3C_4$，11 wt%，原因可能是温度太低，原料没有充分反应。随着温度的升高，在 1 400 ℃的高温烧结条件下，随着碳化铀峰的消失表明此时的反应充分，产物主要为 UAl_3C_3 和 $U_2Al_3C_4$ 的混合物。该结果说明反应生成了铀铝碳层状化合物 133 相和 234 相，与最初 Gesing 等（1992）报道 U–Al–C 的结果一致，也从实验上验证了前述的理论预测结果。

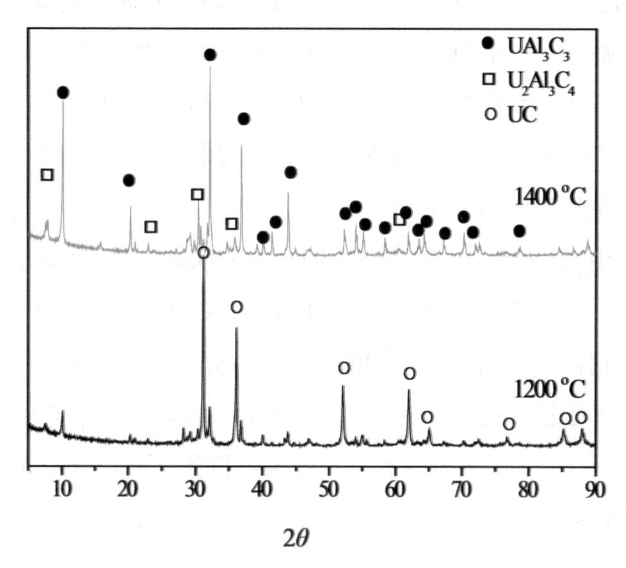

图 3–10　1 200 ℃和 1 400 ℃温度下烧结 120 min 合成 UAl_3C_3 和 $U_2Al_3C_4$ 化合物 XRD 图

从图 3–11 可以看出，1 400 ℃温度下烧结 120 min 合成

UAl_3C_3 和 $U_2Al_3C_4$ 化合物的 SEM 形貌图，大部分样品颗粒约为 2 μm，呈现双峰颗粒且较好地分散开，最大的颗粒状不超过 5 μm，这说明所获得的样品仍然需要进一步优化工艺进而提高其致密度。

图 3-11　1 400 ℃温度下烧结 120 min 合成 UAl_3C_3 和 $U_2Al_3C_4$ 化合物的 SEM 形貌图

此处开展的初步试验仅验证理论预测铀铝碳层状碳化物 133 相和 234 相的稳定存在，至于其他实验工艺，由于小型实验室不具备放射化学实验条件，因此需要专业的实验团队去优化，为整个锕系三元层状碳化物在实验合成中有所突破提供指导。

3.8 本章小结

本章基于密度泛函理论第一性原理方法对锕系基三元层状碳化物进行了从理论的稳定性预测到实验验证的系统研究。在VASP软件包中实施了对锕系基三元层状碳化物的模型进行搭建、结构优化、声子谱计算、电子性能和力学性能的计算，主要得出以下结论。

（1）在锕系三元层状碳化物中，根据动力学稳定性计算其声子谱结果预测出 UAl_3C_3 相、$U_2Al_3C_4$ 相、$PuAl_3C_3$ 和 $ThAl_3C_3$ 是动力学稳定的，且三元层状碳化物 UAl_3C_3 和 $U_2Al_3C_4$ 在 1 500 K 高温下的热导率值分别达到 23.1 W/（m·K）和 22.9 W/（m·K），为事故容错燃料系统提供了新型候选材料。

（2）理论计算稳定相结构的电子分波态密度和泊松比等计算结果说明，在铀铝碳层状结构 UAl_3C_3 相和 $U_2Al_3C_4$ 相中，铀和碳之间有较强的相互作用，化学键呈共价键特征。

（3）电子结构中的能带图及电子态密度数据显示铀铝碳层状结构 UAl_3C_3 相和 $U_2Al_3C_4$ 相均为金属性，具有各向异性的导电性。

（4）根据力学性能计算结果及与相关文献对比可知，铀铝碳层状结构 UAl_3C_3 相和 $U_2Al_3C_4$ 相的抗剪切强度和抗拉伸强度等力学性能明显比碳化铀化合物强，根据 B/G 比值判断，铀铝碳层状结构 UAl_3C_3 相和 $U_2Al_3C_4$ 相均为脆性材料。随着铝组分的增多，其脆性减弱。

第 4 章　锕系基二维碳化物的结构稳定性及电子性能预测

二维过渡金属碳化物 MXenes 是通过将其母体三元层状碳化物在一定条件下经过氢氟酸溶液或氟化物盐和相应的酸溶液将其中的铝层剥蚀而获得的。这种片状二维碳化物具有独特的电子结构、理化性质、较高比表面积和金属导电性。此外，其表面附着大量裸露的表面原子，多种阳离子可自发插层，较低的金属离子具有迁移势垒，易于实现原子尺度可控调谐。本书在第 3 章中研究了锕系基三元层状碳化物的稳定性、电子性能及力学性能等，为事故容错燃料系统提供了新型候选材料。此外，在事故容错燃料备选材料中，碳化铀具有较高的熔点，且具有较好的各项性能，因此碳化铀燃料将是未来事故容错燃料的趋势。由于在锕系家族中，主要被用作核燃料的是铀、钚和钍三种元素，因此本章采用密度泛函第一性原理方法进行锕系基（铀、钚和钍）二维碳化物的结构稳定性和电子性能的预测，从而为新型核燃料系统提供候选材料的基础理论。

4.1 模型搭建和计算细节

本节采用基于第一性原理密度泛函理论的 Materials Studio 软件中的 CASTEP 模块衡晶格常数和各种性能，采用超软赝势各原子的赝势描述分别为 H : $1s^1$、C : $2s^22p^2$、F : $2s^22p^5$、O : $2s^22p^4$、U : $5f^36s^26p^66d^17s^2$、Th : $6s^26p^66d^27s^2$、Pu : $5f^66s^26p^67s^2$。主要采用交换关联泛函为广义梯度近似 GGA-PBE 泛函平面波的截断能设置为 500 eV，在优化过程中，采用 BFGS 方法，原子弛豫的力收敛标准为 1.0×10^{-2} eV/Å，能量的收敛标准为 5.0×10^{-6} eV/atom，最大移动位移为 5.0×10^{-4}Å，最大压力为 2.0×10^{-2} GPa。为计算模拟锕系二维碳化物 MXenes 结构及其性能，必须要考虑结构模型中层与层间相互作用的影响。因此，本章在搭建模型中在 c 轴方向上增加大于 15Å 厚度的真空层。声子频率的模拟计算是在有限位移超胞方法的基础上进行，所有的结构模型都可在 Materials Studio 软件中可视化，以上计算参数均经过 k 点测试，截断能选取测试过程，最后根据测试结果选择较为合适的计算参数。

4.1.1 非功能化锕系基二维碳化物模型搭建

为了探索锕系基二维碳化物的稳定构型，本章首先搭建了两种锕系基二维碳化物模型，这两种模型分别称为 T 构型和 H 构型，如图 4–1 所示，T 构型为以碳为中心对称构型的常见二维过渡金属碳化物，H 构型则为非中心对称构型。其中，图 4–1（a）是锕系基二维碳化物以碳为中心对称构型的俯视图，图 4–1（c）

是锕系基二维碳化物以碳为中心对称构型的侧视图；图 4-1（b）是锕系基二维碳化物非中心对称构型的俯视图，图 4-1（d）是锕系基二维碳化物非中心对称构型的侧视图。粉色小球模型代表的是锕系原子，此处分别为铀原子和钚原子以及钍原子这三类锕系原子；棕色小球模型代表的是碳原子。

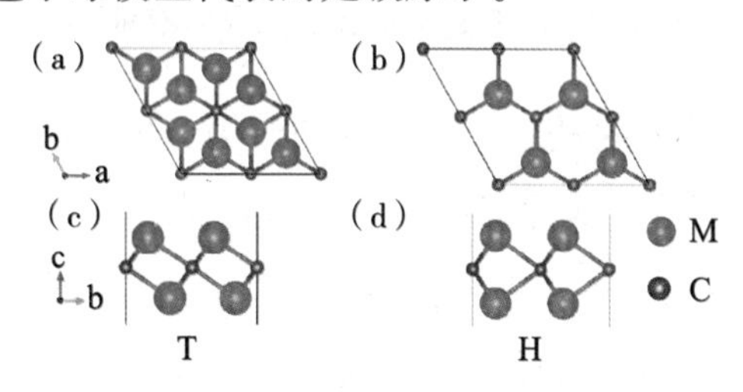

图 4-1　M_2C（M=U、Pu 和 Th）的 T 构型和 H 构型的俯视图与侧视图

4.1.2　功能化锕系基二维碳化物模型搭建

由于在实验过程中，二维过渡金属碳化物 MXenes 是将其母体三元层状碳化物在一定条件下经过氢氟酸溶液或氟化物盐和相应的酸溶液将其中的铝层剥蚀而获得的，且获得的二维碳化物表面会附着大量带有负电的表面基团，因此本章根据表面基团在二维碳化物表面官能团的位置设计了六种不同的结构模型，如图 4-2 所示，其中（a）～（f）分别为六种构型的俯视图，（g）～（l）分别为六种构型的侧视图，粉色球代表锕系原子，分别是铀原子、钚原子和钍原子，棕色球代表碳原子，灰色球代表表面基团，分别代表氟基团和羟基表面基团。

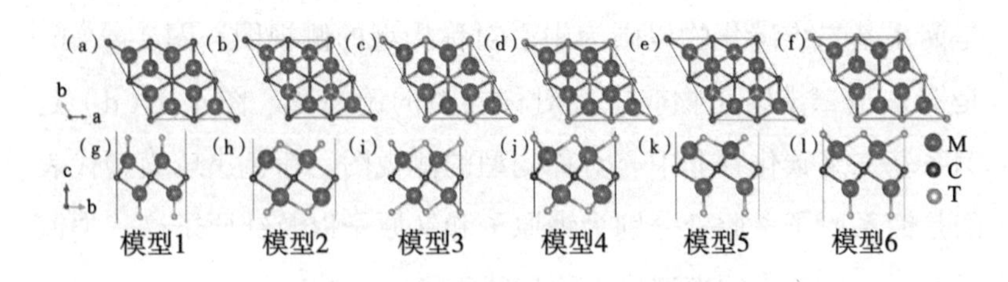

图 4-2 锕系基 MXenes 的六种不同构型

模型 1，其表面基团位于相邻两个锕系原子的正上方；模型 2，其表面基团位于底部锕系原子的正上方；模型 3，其表面基团位于中心碳原子的正上方；模型 4，其一侧的表面基团位于中心碳原子正上方，另一侧位于底部锕系原子的正上方；模型 5，其一侧表面基团位于相邻锕系原子的正上方，另一侧表面基团则位于对面锕系原子的正上方；模型 6，其一侧表面基团位于相邻锕系原子的正上方，另一侧的表面基团位于中心碳原子的正上方。

4.2 结构弛豫计算结果及分析

经过计算参数 K 点和截断能等计算参数的测试后，将非功能化的锕系基二维碳化物的中心对称构型和非对称构型进行高精度的结构弛豫，最后结构弛豫结果均达到设定的收敛标准。计算结果如表 4-1 所示。

表 4-1 非功能化锕系基二维碳化物构型的总能

单位：eV

MXenes	T 构型	H 构型
U_2C	–30.2	–29.79
Pu_2C	–36.4	–35.80
Th_2C	–23.7	–22.70

基于理论计算中最小值原理，根据结构弛豫结果可得，锕系基二维碳化物的 T 构型结构弛豫总能要低于 H 构型。因此表 4-1 可以说明 U_2C、Pu_2C 和 Th_2C 三种二维碳化物材料均以碳原子为中心对称构型时最为稳定。

表 4-2 以—F 和—OH 为表面基团的锕系基二维碳化物构型的相对总能

单位：eV

MXenes	模型 1	模型 2	模型 3	模型 4	模型 5	模型 6
U_2CF_2	2.08	0	0.302	0.162 00	1.05	1.13
Pu_2CF_2	2.65	0	0.462	0.227 00	1.33	1.54
Th_2CF_2	2.00	0	0.218	0.005 90	0.987	1.12
$U_2C(OH)_2$	1.97	0	0.163	0.009 43	1.02	1.11
$Pu_2C(OH)_2$	2.16	0	0.254	0.010 70	1.29	1.47
$Th_2C(OH)_2$	1.90	0	0.145	0.007 62	0.984	1.07

本章按照上述计算细节对六种功能化锕系基二维碳化物结构进行了优化，其结构优化结果及结构相对总能数据如表 4–2 所示。报道中常见的二维过渡金属碳化物 MXenes 结构是以碳为中心对称的构型（也就是此处的模型 2），因此本章在统计能量中以第二种模型的能量作为基准，分别统计了其他五种构型相对第二种构型的相对能量。从表 4–2 中可知，以—F 和—OH 为钝化官能团的所有锕系基二维碳化物结构模型的弛豫能量中，其他五种模型的结构弛豫总能量均高于第二种构型，即以碳原子为中心对称的锕系基二维碳化物的弛豫总能。然而，对于不同的锕系元素形成的以氟和羟基为表面基团的二维碳化物，其结构弛豫总能相对于第二种结构的结构弛豫总能量差也各不相同。例如，Th_2CF_2 的第四种构型相对于第二种构型的能量差最小值为 0.005 90 eV，而其他两种 MXenes 结构的第四种构型结构弛豫总能相对于第二种构型的能量差分别为 0.162 eV 和 0.227 eV。相比于其他四种构型而言，第四种锕系基 MXenes 构型的结构弛豫总能相对于第二种构型的结构弛豫总能差值最小，但是也都高于第二种 MXenes 构型的结构弛豫总能量。因此，在本章搭建的所有构型中，模型 2 的结构弛豫总能量是最低的，也就是说在以—F 和—OH 为表面基团的锕系基二维碳化物 MXenes 中，第二种构型是相对于其他五种构型来说最稳定的。鉴于此，本章先筛选出以—F 和—OH 为表面基团的锕系基二维碳化物构型中的第二种构型（即以碳原子为中心对称构型）作为接下来的研究目标，并进行其他电子结构及性能计算。

4.3　U_2CF_2 二维碳化物晶格动力学行为（声子）

为了进一步预测 U_2CF_2 二维碳化物的动力学本征稳定性，本节基于密度泛函微扰理论（density functional perturbation theory，DFPT）与 Phonopy 软件包结合计算得到力常数矩阵和声子频率，通过分析 U_2CF_2 二维碳化物声子能谱的分布研究了其晶格动力学行为。U_2CF_2 MXenes 的声子谱计算结果如图 4-3 所示。

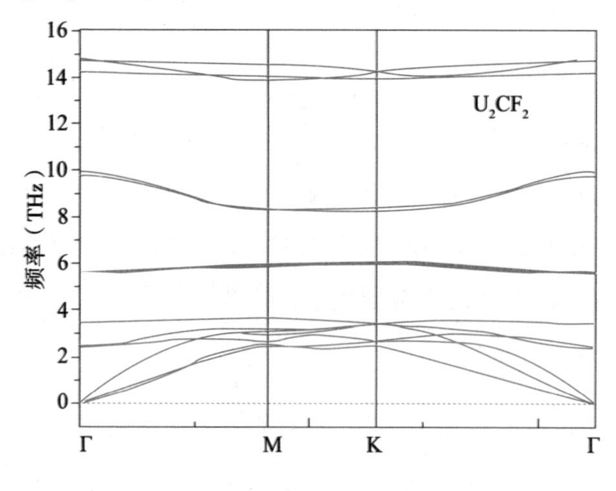

图 4-3　U_2CF_2 MXenes 的声子谱

从图 4-3 的计算结果可以看出，以—F 为表面基团的铀基二维碳化物的声子能谱均分布在零点以上，声子频率均为正实数，没有出现在零点以下的声子频率现象，这说明 U_2CF_2 MXenes 在动力学上是稳定的。然而，人们发现二维碳化物材料在抗氧化性方面具有挑战性，这是由于该结构材料的本征属性决定的，人们往往需要通过加入保护性气氛或保护性表面基团等方式提升其应用周期，笔者也将在接下来的工作中重点攻克在不同的实际应用条件下以降低成本提升其使用寿命的方法。即在实验上经过一定条件有望获得这种含铀的二维碳化物，因此该 U_2CF_2 MXenes 有望成为新型核燃料候选材料被学术科研界所研究，从而为事故容错燃料系统提供有价值的新型核燃料体系。

4.4 U_2CF_2 二维碳化物电子结构

在预测了 U_2CF_2MXenes 结构的晶格动力学行为后可知，U_2CF_2MXenes 结构具有动力学稳定性，U_2CF_2MXenes 结构是由铀原子和碳原子以及表面基团氟原子的原子核及其周围的电子经库伦作用和静电相互作用而构成的，因此为了更准确地预测 U_2CF_2MXenes 结构内部电子信息，本节计算了 U_2CF_2MXenes 结构的电子结构信息。

4.4.1 U_2CF_2 二维碳化物电子能带计算结果及分析

基于 GGA-PBE 泛函进行电子能带计算。计算结果如图 4-4 所示。

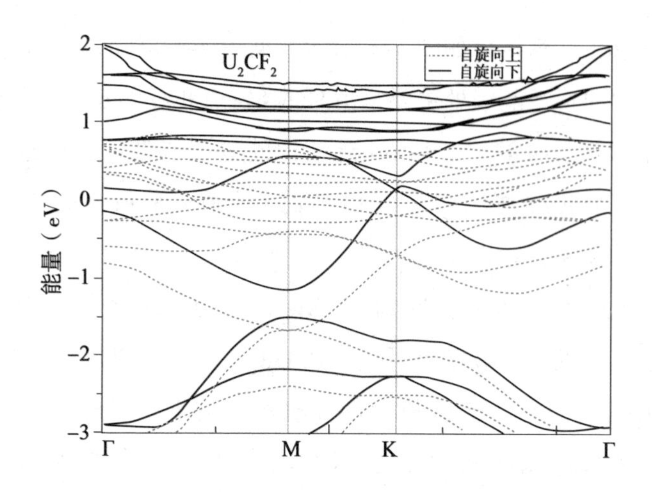

图 4–4　U_2CF_2 MXenes 的能带图（0 eV 作为费米能级）

如图 4–4 所示，图中红色虚线表示 U_2CF_2 二维碳化物结构内部自旋向上电子态，黑色实线表示 U_2CF_2 二维碳化物结构内部自旋向下电子态。从计算结果可以清晰地看到，在 U_2CF_2 二维碳化物结构中其自旋向上电子态能带与其自旋向下电子态能带没有出现重合现象，此计算结果可以说明 U_2CF_2 二维碳化物具有一定自旋极化效应，表现为磁性。同时，U_2CF_2 二维碳化物结构的电子能带均穿过了费米能级，因此这种以氟为表面基团的 U_2CF_2 二维碳化物结构属于金属性导体材料。在导热性能中电子导热占主导地位。根据各向异性电子能带之间的相互交叉可以说明，U_2CF_2 二维碳化物结构导电性也具有各向异性特点。

4.4.2　U_2CF_2 二维碳化物电子态密度计算结果及分析

为了进一步研究 U_2CF_2 二维碳化物结构内部原子键的键合作用，本节分别计算了 U_2CF_2 二维碳化物结构的总态密度和分波态密度信息，计算结果如图 4–5 所示。据图 4–5 可知，在 U_2CF_2 电子态密度的费米能级处主要是由 U 的 f 轨道和 U 的 d 轨道所贡献，因此结合图 4–4 U_2CF_2 MXenes 结构的电子能带计算结果可知，U_2CF_2 MXenes 结构中主要是由 U 的 f 轨道电子和 U 的 d 轨道电子的导电性起主导作用。

根据图 4–5 所示的 U_2CF_2 MXenes 结构的总电子态密度及分波电子态密度图计算结果可知，在 U_2CF_2 电子态密度的费米能级处主要是由 U 的 f 轨道和 U 的 d 轨道所贡献，因此结合图 4–4 U_2CF_2 MXenes 结构的电子能带计算结果可知，U_2CF_2 MXenes 结构中主要是由 U 的 f 轨道电子和 U 的 d 轨道电子的导电性起主导作用。

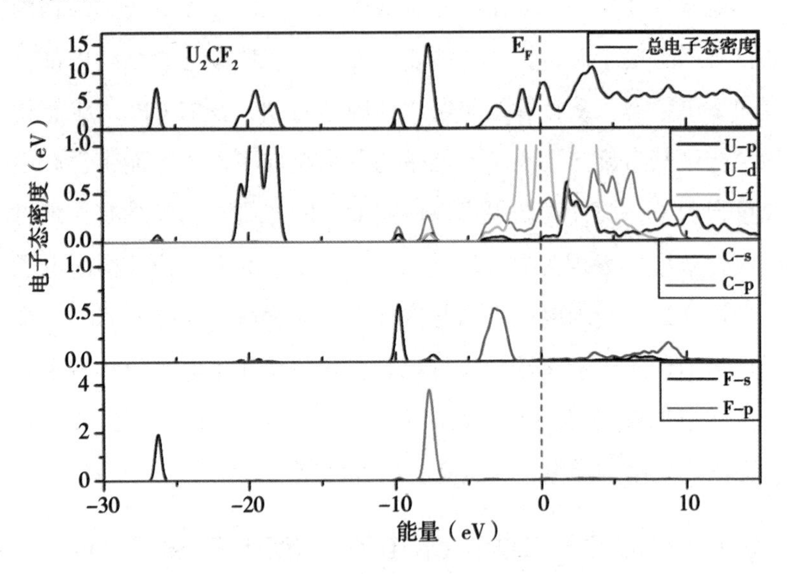

图 4–5　U_2CF_2 MXenes 的总电子态密度及分波电子态密度

在 –4.8 ～ –2.0 eV 的能量范围内，铀的 d 轨道与碳的 p 轨道有明显相互重叠现象，形成 pd 轨道杂化；从 U_2CF_2 MXenes 结构的分波电子态密度图还可以看到，在 –11.0 ～ –9.0 eV 能量范围内，碳原子的 s 轨道与铀原子的 p 轨道有明显重叠现象，形成 sp 轨道杂化；在能量为 –8.0 eV 左右，可以看到碳的 p 轨道与铀的 d 轨道有一定相互重叠现象，形成 pd 杂化；这些 sp 轨道杂化、pd 轨道杂化信息说明在 U_2CF_2 MXenes 结构内部，金属原子铀与中心碳存在较强的相互作用，这种较强的键合作用对铀基二维碳化物稳定存在起着主导作用。在 –30.0 ～ –9.0 eV 较低能量范围内主要是金属中心原子铀的 p 轨道和表面基团氟的 s 轨道起主要作用。在能量为 –8.0 ～ –7.0 eV 范围内，从 U_2CF_2 MXenes 的分波电子态密度图中可以看到表面基团氟的 p 轨道与中心金属原子铀的 d 轨道、f 轨道有明显轨道重叠现象，该信息说明表面基团氟与铀基二维碳化物有一定的相互作用。因此，该计算结果可以解释，在实验中氢氟酸剥离获得的二维碳化物表面会大量附着氟表面基团的现象。

4.5　Pu_2CF_2 二维碳化物电子结构

在核反应堆中发生裂变的只有铀同位素中的 U–235，而在自然界中铀同位素 U–235 仅占 0.7%。其他全部是铀同位素 U–238，因此经过核反应堆内发生核裂变后，U–235 基本全部废掉，在这剩下的裂变产物中有一类宝贵的资源是 Pu，钚可以用来发电。将乏燃料经过一定分离后可以提取得到钚资源。根据核材料的能量密度估算，一个大约 6 千克的钚球发生裂变所释放的能量相当于 2 万吨煤燃烧释放的能量。因此，在能源系统中，乏燃料中钚资源的有效利用也是至关重要的。因此，本节在前述铀基二维碳化物的研究基础上，对以氟为表面基团的钚基二维碳化物进行了电子结构计算。

4.5.1 Pu_2CF_2 二维碳化物电子能带计算结果及分析

本节基于 GGA–PBE 泛函，计算了 Pu_2CF_2 二维碳化物结构的电子能带，计算结果如图 4–6 所示。

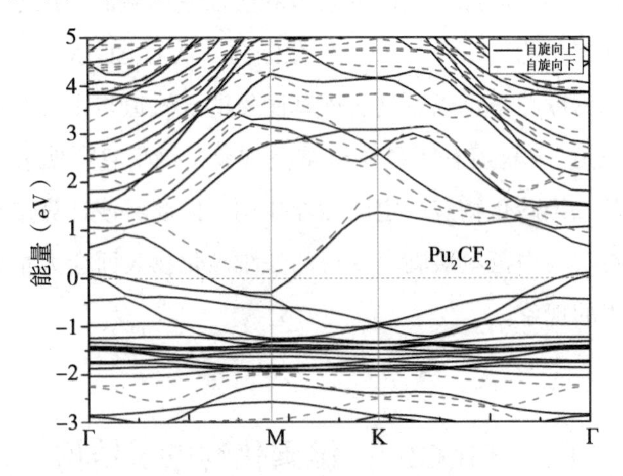

图 4–6　Pu_2CF_2 MXenes 的能带图（0 eV 作为费米能级）

如图 4–6 所示，红色虚线表示 Pu_2CF_2 二维碳化物结构内部自旋向上电子态，黑色实线表示 Pu_2CF_2 二维碳化物结构内部自旋向下电子态。通过计算结果可以清晰地看到，与 U_2CF_2 二维碳化物类似，在 Pu_2CF_2 二维碳化物结构中其自旋向上电子态能带与其自旋向下电子态能带没有出现重合现象，此计算结果可以说

明 Pu_2CF_2 二维碳化物具有一定自旋极化效应，表现为磁性，其可能是 5f 轨道电子所致。同时，Pu_2CF_2 二维碳化物结构的电子能带均穿过了费米能级，因此这种以—F 为表面基团的 Pu_2CF_2 二维碳化物结构属于金属性导体材料。在导热性能中电子导热占主导地位。另外，根据各向异性电子能带之间的相互交叉可以说明 Pu_2CF_2 二维碳化物结构导电性也具有各向异性特点。

4.5.2 Pu_2CF_2 二维碳化物电子态密度计算结果及分析

基于 GGA-PBE 泛函的密度泛函理论第一性原理方法，本节分别计算了 Pu_2CF_2 二维碳化物种电子态密度和各原子的分波电子态密度信息，计算结果如图 4-7 所示。

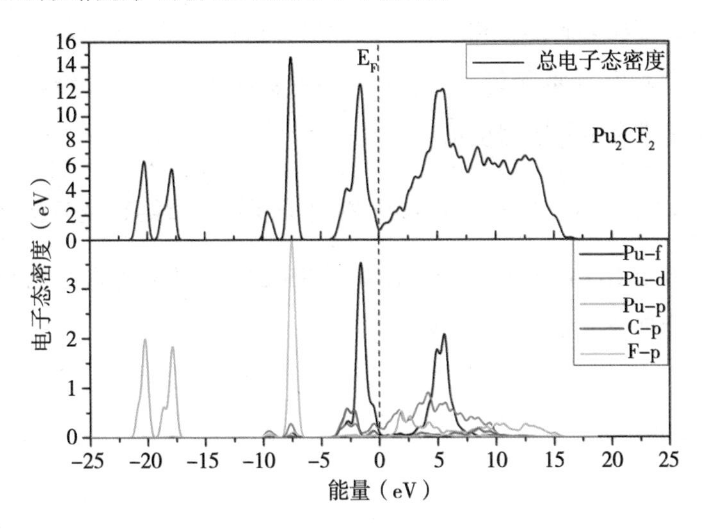

图 4-7 Pu_2CF_2 MXenes 的总电子态密度及分波电子态密度

从图 4-7 的计算结果可以看到，在 −8.0 ～ −7.0 eV 能量范围内，主要是表面基团氟原子的 p 轨道与钚原子的 d 轨道发生相互重叠，形成pd轨道杂化的键合作用，因此表面基团氟可以存在于Pu_2C二维碳化物表面；在Pu_2C二维碳化物中的碳与钚的pd轨道杂化主要发生在–4.0～–2.0 ev能量范围内以及–1.0至费米能级这两个能量范围内。其中，在–4.0～–2.0 eV能量范围内出现较强的pd杂化作用，该键合作用表示碳与钚在Pu_2CF_2 MXenes中有较强的相互作用。

4.6　Th_2CF_2二维碳化物电子结构

相比于浓缩铀和从乏核燃料中分离提取钚核燃料而言，含钍的可裂变核燃料的价格较低，因此对钍这种可裂变核燃料进行基础研究具有重要意义。在本节中，主要计算Th_2CF_2二维碳化物电子能带和电子态密度信息。

4.6.1　Th_2CF_2二维碳化物电子能带计算结果及分析

基于GGA–PBE泛函，计算了Th_2CF_2二维碳化物的电子能带，计算结果如图4–8所示。

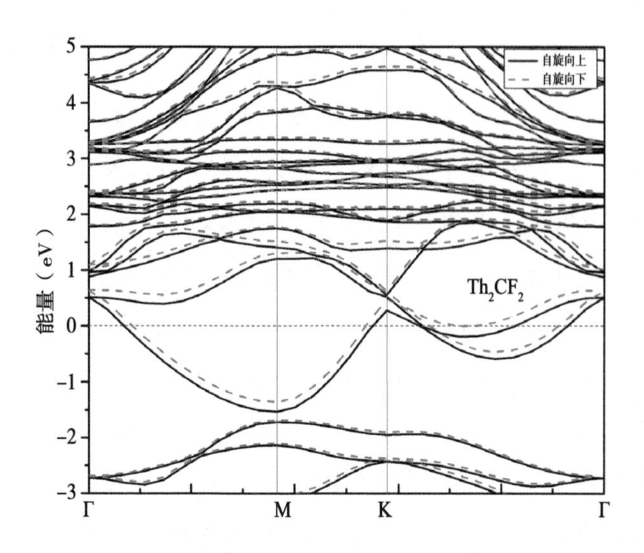

图 4-8　Th_2CF_2 MXenes 的能带图（0 eV 作为费米能级）

如图 4-8 所示，红色虚线表示 Th_2CF_2 二维碳化物结构内部自旋向上电子态，黑色实线表示 Th_2CF_2 二维碳化物结构内部自旋向下电子态。从计算结果可以清晰地看到，与 U_2CF_2 和 Pu_2CF_2 二维碳化物类似，在 Th_2CF_2 二维碳化物结构中其自旋向上电子态能带与其自旋向下电子态能带没有出现重合现象，此计算结果可以说明 Th_2CF_2 二维碳化物具有一定自旋极化效应，表现为磁性。相比于 U_2CF_2 和 Pu_2CF_2 二维碳化物的电子能带数据，可以看出 Th_2CF_2 二维碳化物自旋极化作用较弱一些。同时，Th_2CF_2 二维碳化物结构的电子能带均穿过了费米能级，因此这种以氟为表面基团的 Th_2CF_2 二维碳化物结构属于金属性导体材料。在导热性能中电子导热占主导地位。根据各向异性电子能带之间的相互交叉可以说明，Th_2CF_2 二维碳化物结构导电性也具有各向异性特点。

4.6.2 Th_2CF_2 二维碳化物电子态密度计算结果及分析

为了进一步考察 Th_2CF_2 二维碳化物结构内部各原子之间的键合作用，本节计算了该结构的总电子态密度以及 Th、C、F 三类原子的分波电子态密度信息，计算结果如图 4–9 所示。

与前述 U_2CF_2 和 Pu_2CF_2 二维碳化物电子态密度相似，从图 4–9 可以看到，在 –20.0 ～ –17.0eV 较低能量范围内主要是钍的 p 轨道电子分布；而在 –7.5 ～ –6.0eV 能量范围内是氟原子的 p 轨道与钍原子的 d 轨道发生轨道重叠，形成 pd 杂化作用；在 –4.0 ～ –2.0eV 能量范围内可以看到碳的 p 轨道与钍的 d 轨道发生较大重叠，形成 pd 杂化，从而使碳与钍之间形成较强的键合作用。

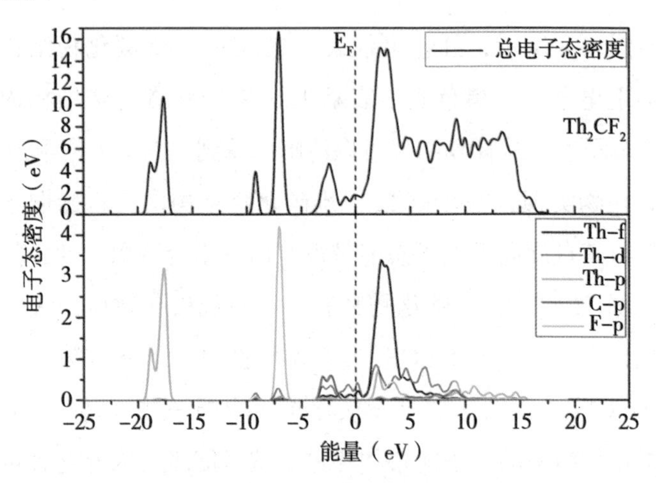

图 4–9　Th_2CF_2 MXenes 的总电子态密度及分波电子态密度

通过对比图 4–5 和 4–7 可知，同一种表面基团均匀地附着在锕系基二维碳化物表面，表面基团与中心锕系原子的键合作用是一致的，即经其 p 轨道与锕系原子 d 轨道杂化进而形成化学键；但是这些锕系基二维碳化物内部的碳与锕系原子的相互作用强弱各有不同，其中 U_2CF_2 内部的碳与铀相互作用要强于 Pu_2CF_2 和 Th_2CF_2。

4.7　$U_2C(OH)_2$ 二维碳化物电子结构

由于在实验中二维过渡金属碳化物 MXenes 是经氢氟酸溶液或氟盐溶液及其相应的酸溶液对其母体三元层状碳化物进行刻蚀而获得的，因此获得的 MXenes 表面不仅有大量的带负电的氟基团，而且会有大量的羟基基团附着在二维碳化物表面，所以本节基于前述 U_2CF_2 MXenes 的研究进一步计算了以羟基为钝化官能团的铀基二维碳化物 $U_2C(OH)_2$ 的电子结构及内部原子间键合的信息。

4.7.1　$U_2C(OH)_2$ 二维碳化物电子能带计算结果及分析

基于 GGA-PBE 泛函的第一性原理方法，本节计算了以羟基为钝化官能团的铀基二维碳化物 $U_2C(OH)_2$ 的电子能带分布，计算结果如图 4-10 所示。

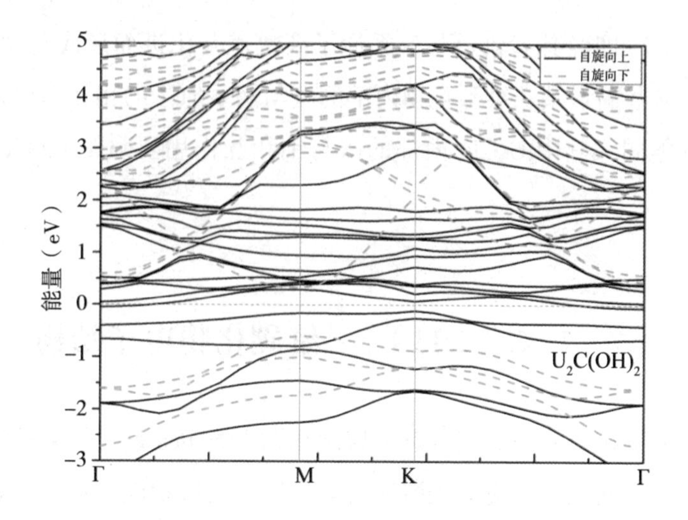

图 4-10　U_2C（OH）$_2$ MXenes 的能带图（0 eV 作为费米能级）

从图 4-10 中 U_2C（OH）$_2$ 的电子能带分布计算结果可以看出，与以氟为表面基团的铀基二维碳化物类似，红色虚线表示 U_2C（OH）$_2$ 二维碳化物结构内部自旋向上电子态，黑色实线表示 U_2C（OH）$_2$ 二维碳化物结构内部自旋向下电子态。在此二维碳化物结构中，其自旋向上电子态能带与其自旋向下电子态能带没有出现重合现象，说明 U_2C（OH）$_2$ 二维碳化物具有一定自旋极化效应，表现为磁性。并且，其部分电子能带穿过了费米能级，因此这种以羟基为表面基团的 U_2C（OH）$_2$ 二维碳化物结构属于金属性导体材料。根据各向异性电子能带之间的相互交叉又可以说明该结构导电性具有各向异性。

4.7.2 $U_2C(OH)_2$二维碳化物电子态密度计算结果及分析

为了研究以羟基为功能化官能团的铀基二维碳化物内部的键合作用，本节分别计算了 $U_2C(OH)_2$ 的总电子态密度以及 U、C、O、H 各个原子分波电子态密度，计算结果如图 4-11 所示。

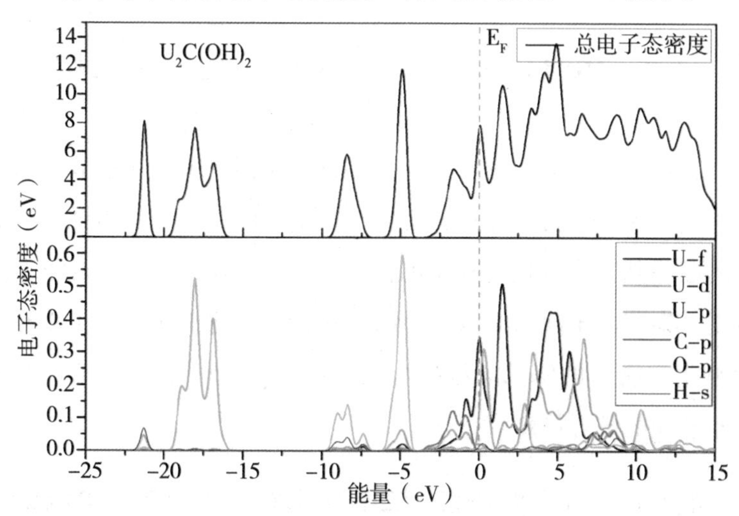

图 4-11 $U_2C(OH)_2$ MXenes 的总电子态密度及分波电子态密度

从图 4-11 中可以看出，在 -10 ～ -7eV 能量范围内，氧的 p 轨道和氢的 s 轨道有明显重叠现象，主要是表面基团羟基中氧与氢的 sp 杂化；在 -6 ～ -4 eV 能量范围内，铀的 d 轨道、碳的 p 轨道与氧的 p 轨道发生了明显的重叠现象，这说明在二维碳化物 $U_2C(OH)_2$ 结构中，中心原子铀、碳和表面官能团羟基中的氧发生了成键，有较强的相互作用，从而可以稳定地附着在铀基二维碳化物表面上。而在 -3eV 至费米能级能量范围内，可以看到主要是中心原子铀的 f 轨道、d 轨道与碳的 p 轨道发生明显重叠现象，发生明显 pd 杂化。该电子态密度信息说明，在二维碳化物 $U_2C(OH)_2$ 中铀与碳有较强的相互作用，铀碳之间的键合作用为 $U_2C(OH)_2$ 二维碳化物的稳定存在起主要作用。

4.8 $Pu_2C(OH)_2$ 二维碳化物电子结构

从核燃料方面研究钚基二维碳化物的意义在 4.5 小节中已经概述过，在此不再赘述；从实验合成角度研究以羟基为钝化官能团的锕系基二维碳化物意义也在之前有所阐述，因此在这里不再重复。本节基于前述 Pu_2CF_2 MXenes 的研究进一步计算了以羟基为钝化官能团的钚基二维碳化物 $Pu_2C(OH)_2$ 的电子结构及内部原子间的键合信息。

4.8.1 $Pu_2C(OH)_2$ 二维碳化物电子能带计算结果及分析

本节基于 GGA–PBE 泛函，计算了 $Pu_2C(OH)_2$ 二维碳化物结构的电子能带，计算结果如图 4–12 所示。

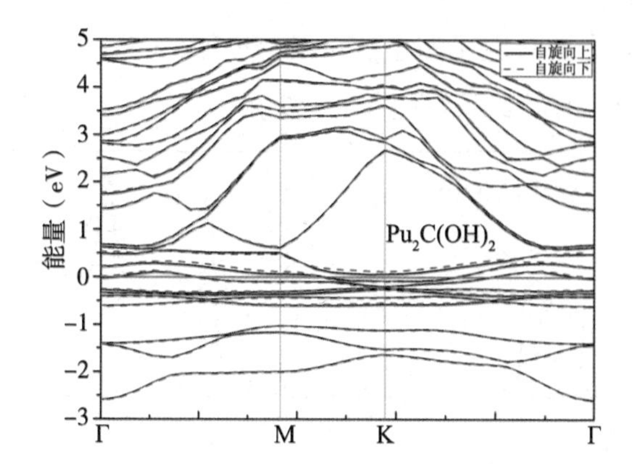

图 4-12　Pu_2C（OH）$_2$ MXenes 的能带图（0 eV 作为费米能级）

如图 4-12 所示，黑实线表示 Pu_2C（OH）$_2$ 二维碳化物结构内部自旋向上电子态，红色虚线表示 Pu_2C（OH）$_2$ 二维碳化物结构内部自旋向下电子态。从计算结果可以清晰地看到，与以氟为表面基团的钚基二维碳化物电子能带信息不同，在 Pu_2CF_2 二维碳化物结构中其自旋向上电子态能带与其自旋向下电子态没有出现重合现象，表现为磁性。而在 Pu_2C（OH）$_2$ 二维碳化物结构中，其自旋向上电子态能带与自旋向下电子态能带发生了完全重合现象，进而表现为非磁性的金属性，这主要是由于羟基中氧的加入，使该二维碳化物内部自旋电子态发生变化。此外，与 Pu_2CF_2 二维碳化物类似，以羟基为表面基团的钚基二维碳化物也表现为具有导电各向异性的金属性质。

4.8.2　Pu_2C（OH）$_2$ 二维碳化物电子态密度计算结果及分析

为了研究 Pu_2C（OH）$_2$ 内部的键合作用，本节分别计算了

$Pu_2C(OH)_2$ 的总电子态密度以及 Pu、C、O、H 各个原子分波电子态密度，计算结果如图 4-13 所示。

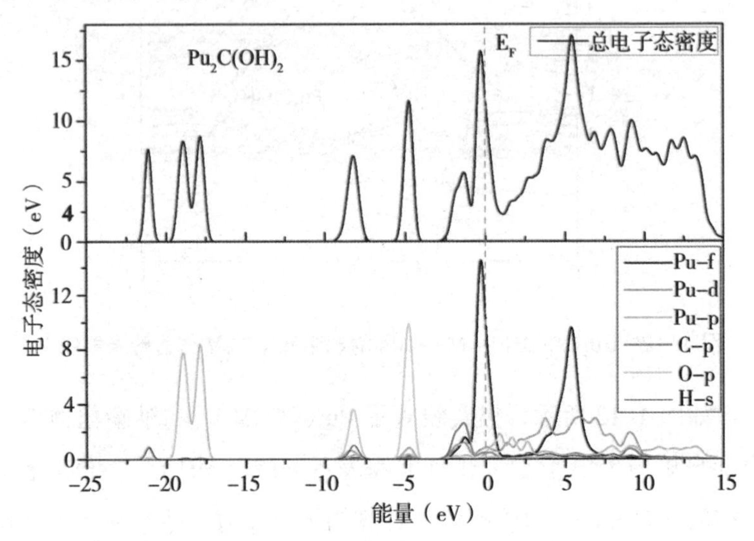

图 4-13　$Pu_2C(OH)_2$ MXenes 的总电子态密度及分波电子态密度图

从图 4-13 中可以看出，在 –9.0 ～ –7.5 eV 能量范围内，氧的 p 轨道和氢的 s 轨道有明显重叠现象，主要是表面基团羟基中氧与氢的 sp 杂化；同时，在 –9.0 ～ –7.5 eV 能量范围和 –6 ～ –4 eV 能量范围内，铀的 d 轨道与氧的 p 轨道发生了明显的重叠现象，这说明在二维碳化物 $Pu_2C(OH)_2$ 结构中，中心原子钚、碳和表面官能团羟基中的氧发生了成键，有较强的相互作用，从而可以稳定地附着在 Pu_2C 二维碳化物表面上。此外，在 –2.3 eV 至费米能级能量范围内，碳原子的 p 轨道与 Pu 原子的 d 轨道、f 轨道出现明显重叠现象，这说明在 $Pu_2C(OH)_2$ 中碳与钚形成较强的化学键。

4.9　$Th_2C(OH)_2$ 二维碳化物电子结构

本书在 4.6 小节中阐述了含钍核燃料的研究意义，在此不再赘述。为结合实验合成中二维碳化物表面会有大量带负电基团附着，本节设计了在 Th_2C 表面均匀地覆盖大量羟基基团的 $Th_2C(OH)_2$ 模型，进一步研究了其电子性质。

4.9.1　$Th_2C(OH)_2$ 二维碳化物电子能带计算结果及分析

本节基于 GGA-PBE 泛函在 CASTEP 软件包中运行了 $Th_2C(OH)_2$ 电子能带计算，计算结果如图 4-14 所示。

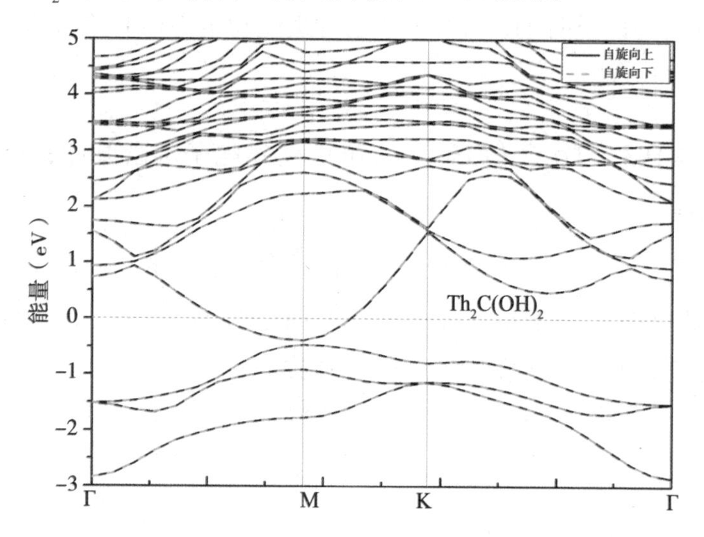

图 4-14　$Th_2C(OH)_2$ MXenes 的能带图（0 eV 作为费米能级）

如图 4–14 所示，黑实线表示 $Th_2C(OH)_2$ 二维碳化物结构内部自旋向上电子态，红色虚线表示 $Th_2C(OH)_2$ 二维碳化物结构内部自旋向下电子态。从计算结果可以清晰地看到，与以氟为表面基团的钍基二维碳化物电子能带信息不同，在 Th_2CF_2 二维碳化物结构中其自旋向上电子态能带与其自旋向下电子态能带没有出现重合现象，表现为磁性。然而在 $Th_2C(OH)_2$ 二维碳化物结构中，其自旋向上电子态能带与自旋向下电子态能带发生了完全重合现象，进而表现为非磁性的金属性，这主要是由于羟基中氧的加入，使该二维碳化物内部自旋电子态发生变化。同时，$Th_2C(OH)_2$ 二维碳化物结构的部分电子能带穿过了费米能级，因此这种以羟基为表面基团的 $Th_2C(OH)_2$ 二维碳化物结构属于金属性导体材料。此外，根据各向异性电子能带之间的相互交叉可以说明 $Th_2C(OH)_2$ 二维碳化物结构导电性也具有各向异性特点。

4.9.2 $Th_2C(OH)_2$ 二维碳化物电子态密度计算结果及分析

为了研究 $Th_2C(OH)_2$ 内部的键合作用，本节分别计算了 $Th_2C(OH)_2$ 的总电子态密度以及 Th、C、O、H 各个原子分波电子态密度，计算结果如图 4–15 所示。

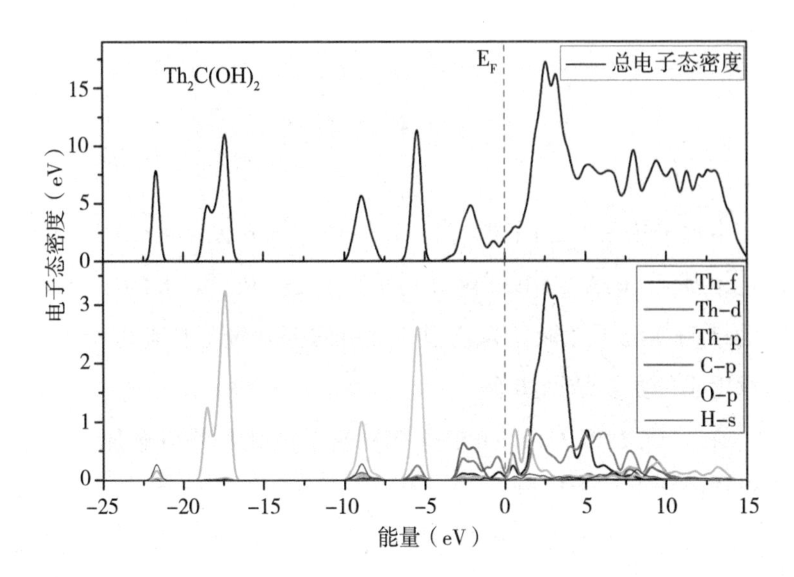

图 4–15　$Th_2C(OH)_2$ MXenes 的总电子态密度及分波电子态密度图

从图 4–15 中的计算结果中分析可知，与前述 $U_2C(OH)_2$ 和 $Pu_2C(OH)_2$ 类似，在 –10 ～ –7.5 eV 能量范围内，主要是表面基团羟基中的氧的 p 轨道与氢的 s 轨道以及中心金属原子的 d 轨道和少量的 p 轨道发生重叠现象；在 –3 eV 至费米能级能量范围内，主要是钍的 d 轨道与碳的 p 轨道发生明显相互重叠现象，这说明在二维碳化物 $Th_2C(OH)_2$ 中，中心原子钍与碳也形成了较强的相互作用。而与前述 $U_2C(OH)_2$ 和 $Pu_2C(OH)_2$ 不同的是，在费米能级处主要是由钍的 d 轨道所贡献。

4.10 本章小结

本章采用密度泛函理论第一性原理计算方法，在 CASTEP 软件包中基于 GGA-PBE 泛函分别研究了 U、Pu 和 Th 的二维碳化物的结构与电子性能。为新型核燃料的探索做了基础理论解释。本章得出的主要结论如下。

（1）U_2C、Pu_2C 和 Th_2C 这三种锕系碳化物均以碳原子为中心对称的构型较为稳定。

（2）经过添加表面基团修饰后，通过晶格动力学行为可以判断，U_2CF_2 结构在动力学上是稳定的，为事故容错燃料系统提供了新型候选材料。

（3）通过对同一种表面基团、不同种锕系原子形成的 U_2CF_2、Pu_2CF_2 和 Th_2CF_2 二维碳化物结构的电子能带计算结果分析可知，它们均表现为一定自旋极化作用的磁性金属特征。

（4）同一种表面基团，不同种锕系原子形成的 $U_2C(OH)_2$、$Pu_2C(OH)_2$ 和 $Th_2C(OH)_2$ 二维碳化物结构均表现为非磁性金属特征。

（5）无论是以氟为表面基团还是以羟基为表面基团的锕系基二维碳化物结构内部，其表面基团和碳原子都与中心锕系金属原子铀、钚和钍有较强的键合作用，从而为该类锕系基 MXenes 的稳定性起到主要促进作用。

第 5 章　镥基三元层状碳化物结构与力学性能预测

关于三元层状 MAX 相的概述在第 1 章中已经详细介绍，另外，该类三元层状结构还可以轻松改变和调整其化学成分，同时保持其结构类似。这种层状材料具有很多化学多功能性，已有约 155 种 MAX 相被报道。为了更好地理解三元层状 MAX 相的性质和特征，重要的是应该继续搜索和发现新的层状结构和组成。这就需要理论计算的方法去搜索，预测更多的其他的热力学和机械稳定的层状结构材料。

2017 年，Rosen 等发现了 i-MAX 相。这种 i-MAX 相与传统三元层状 MAX 相材料类似，其中 M 是早期过渡金属，A 是 A 族元素，X 是 C。具有一个（$M1_{2/3}M2_{1/3}$）$_2$AC 化学式，其中 M1 和 M2 原子是面内有序的。该项发现拓展了 M 位元素，但是仍然没有引入镧系元素。直到 2019 年，i-MAX 相的发现，其中准 2D 磁三角形晶格的双层覆盖 Mo 蜂窝排列和 Al 笼目 Kagome 晶格。该族的化学性质为（$Mo_{2/3}RE_{1/3}$）$_2$AlC，稀土元素（RE）为 Ce、Pr、Nd、Sm、Gd、Tb、Dy、Ho、Er、Tm 和 Lu。从而引进了镧系元素，对磁性进行了表征，发现它们显示出过多的基态，这是由于在磁晶各向异性存在下相互作用的磁相互作用的相互作用。

目前，大多数含有镧系元素的固态晶体一般是通过它们的 4f 和传导电子之间的杂化而表现出各种磁性和电子基态性能。主要基于 Ce 和 Yb 的重费米子化合物是用于研究量子重点和共量子态的标准。其他自由度，如轨道和原子价态可以产生各种物质状态。例如，Sm 表现出的价态不稳定性在 Sm 化合物，如 $SmOs_4Sb_{12}$ 和 SmB_6 中的强相关行为中发挥重要作用。虽然镧系离子的集体磁响应也受到晶体结构和化学环境的影响，但是有望在 $M_{n+1}AX_n$ 相中探测这种效应，MAX 相结构中，M 是早期过渡金属（此处所示可以部分用 Ln），A 是 A 族元素（主要是 13 和 14），X 是碳或氮。这些 MAX 相指的其实就是一类层状材料，最常见的是碳化物和氮化物。结合金属和陶瓷的特性，这些材料丰富的化学性质使它们有望用于极端条件下，如用于半导体的欧姆接触材料，以及作为其 2D 对应物的前体，即 MXenes。

在 MAX 家族中，M 位的金属替换以及掺杂几乎已经覆盖整个化学周期表，然而对于含有镧系层状结构材料中 A 位元素的替换仍处于空白，因此本章采用密度泛函理论计算方法预测了三种不同 A 位元素的含有镧系元素的 MAX 相结构。

5.1 计算细节及模型搭建

本节基于第一性原理密度泛函理论的CASTEP软件包，交换关联泛函为广义梯度近似GGA-PBE泛函，采用Broyden—Fletcher-Goldfarb-Shanno（BFGS）结构优化方法，平面波的截断能设置为700 eV，在优化过程中，原子弛豫的力收敛标准为0.01 eV/Å，能量的收敛标准为5×10^{-6} eV/atom，最大离子位为移5×10^{-4}Å。基于六角原胞的布里渊区，对应的k点网格设为$15\times15\times3$。所有模型均在Materials Studio界面可视化。模型搭建基于三元层状结构MAX相的211相，如图5-1所示。

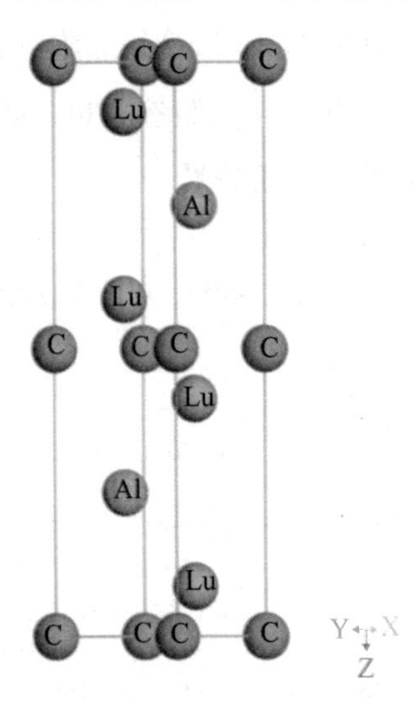

图5-1 Lu_2AlC晶体结构作为Ln-MAX相211相的结构模型

5.2 镧系基三元层状结构特征

与其他MAX相三元层状结构类似，本节所预测的镧系基三元层状MAX相结构的空间群属于$P6_3/mmc$，空间群号为194号，属于MAX相中的211相类型，其单胞如图5-1所示，坐标位置镧系原子位于4*f*（1/3，2/3，0.085 20），铝原子位于2*d*（1/3，2/3，3/4），碳原子位于2*a*（0，0，0）。按照上述计算参数对Lu_2AC（A=Si、Al、Sn）三种结构进行结构优化，优化结果所得各个结构单元的晶胞参数*a*、*c*及其比值如表5-1所示。从表5-1可以看出，随着A位原子半径的增大，Lu_2AC结构的*a*值逐渐增大。尤其是，本章计算的Lu_2SnC的晶胞参数与Hadi等（2019）的计算结果十分吻合，并且与实验参数也一致，这更加佐证了本书的计算方法及参数选择的正确性。

表5-1　结构优化所得Lu_2AC（A=Si、Al、Sn）相结构单元的晶胞参数

结构	*a*（Å）	*c*（Å）	*c*/*a*	*V*（Å³）	数据来源
Lu_2AlC	3.485	15.579	4.470	163.8	本书
Lu_2SiC	3.493	14.430	4.131	152.4	本书
Lu_2SnC	3.547	15.337	4.323	167.1	本书
Lu_2SnC	3.546	15.323	4.320	166.9	Hadi等（2019）
Lu_2SnC	3.514	15.159	4.314	162.1	Hadi等（2019）

结构优化完成后，本章基于 GGA-PBE 泛函，在 CASTEP 软件包上分别计算了这三种结构的电子结构及性能。

5.3　镥基三元层状碳化物的电子结构

按照上述计算方法及参数设置，本章分别计算了以镥为代表的镧系基三元层状 MAX 相中的 211 相体系，并选取了三种不同的 A 位原子的电子能带结构性质，计算结果如图 5-2 所示。

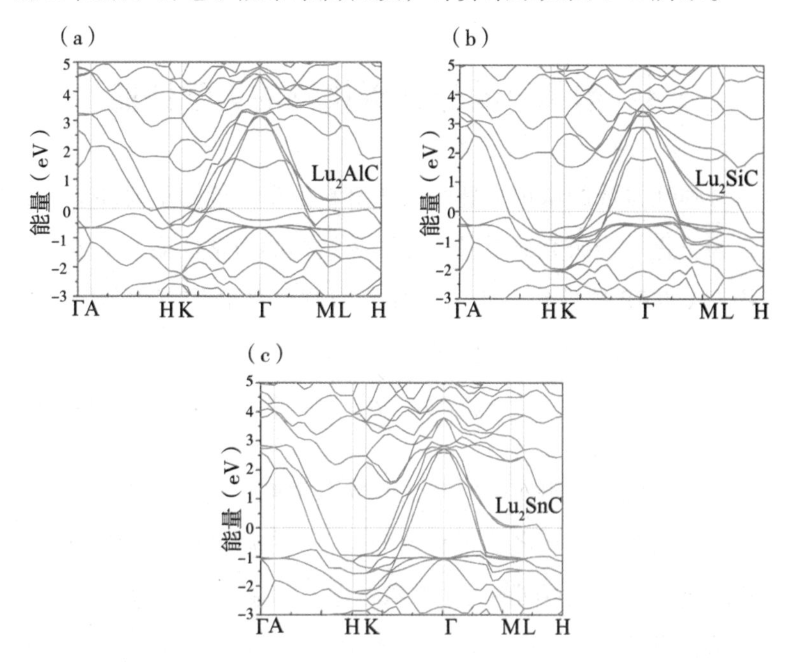

图 5-2　Lu_2AC（A=Si、Al、Sn）结构的电子能带图（0 eV 作为费米能级）

图 5-2（a）为 A 位是铝原子的镧系基三元层状 MAX 相

Lu_2AlC 结构的电子能带图；图 5–2（b）为 A 位是硅原子的镧系基三元层状 MAX 相 Lu_2SiC 结构的电子能带图；图 5–2（c）为 A 位是锡原子的镧系基三元层状 MAX 相 Lu_2SnC 结构的电子能带图。从图 5–2（a）、（b）、（c）三图结果可以看出，在镥基三元层状 MAX 相 211 结构中，无论 A 位原子是铝是硅还是锡，Lu_2AC 结构的电子能带图都穿过费米能级，表现为金属性质。从它们的沿布里渊区各方向的电子能带相互交叉，进一步说明这三种镥基三元层状碳化物材料的导电性具有各向异性特征。

5.4　镥基三元层状碳化物的力学性能

对弹性常数的认识是理解固体材料力学性能的重要环节。因此，为了进一步研究镧系基三元层状结构的力学性能，本节在此采用 CASTEP 软件包基于有限应变方法，即利用有限值的平均应变计算出合应力，计算公式为

$$\sigma_{ij}=\sum_{ij}C_{ij}\varepsilon_{ij} \tag{5-1}$$

式中，σ_{ij}是一组应力应变下的应力张量，该方法计算弹性常数已经成功地应用于各类晶体材料。三元层状 MAX 相结构属于六角结构，有六个不同的力学常数，即 C_{11}、C_{12}、C_{13}、C_{33}、C_{44} 和 C_{66}。在这些弹性常数中，只有 C_{66} 依赖 C_{11} 和 C_{12}，$C_{66}=(C_{11}-C_{12})/2$，其他都是相对独立的。本节计算了以镥基 MAX 相 211 相结构的弹性常数，计算结果如表 5–2 所示。

表 5-2　Lu_2AC（A=Si、Al、Sn）结构的弹性常数

单位：Gpa

结构	C_{11}	C_{12}	C_{13}	C_{33}	C_{44}	C_{66}	B	G	E	B/G	v	μ_M	数据来源
Lu_2SiC	178	46	46	192	74	65	91	69	167	1.31	0.196	1.23	本书
Sc_2SiC	200	59	46	232	73	70	104	75	181	1.38	0.209	1.42	Aryal 等（2014）
Lu_2AlC	163	52	43	181	50	55	87	55	137	1.58	0.239	1.74	本书
Sc_2AlC	171	62	33	190	47	55	87	55	138	1.58	0.238	1.85	Aryal 等（2014）
Lu_2SnC	173	41	38	184	62	65	85	65	156	1.29	0.193	1.37	本书
Lu_2SnC	172	46	36	173	56	64	82	61	147	1.33	0.199	1.46	Hadi 等（2019）
Sc_2SnC	186	60	41	175	56	63	92	62	152	1.48	0.226	1.64	Aryal 等（2014）

根据表 5–2 的计算结果及前述基本条件可知，本章所计算的新型 A 位原子不同的三种镥基 MAX 相 211 相结构都是力学稳定的。弹性常数 C_{11} 和 C_{33} 分别显示了晶体结构在 a 和 c 方向上的线性抗压缩强度。从表 5–2 计算结果可以看出，对于 Lu_2SiC、Lu_2AlC 和 Lu_2SnC 这三种三元层状碳化物材料，弹性常数 C_{33} 明显大于 C_{11}，这显示出 Lu_2SiC、Lu_2AlC 和 Lu_2SnC 这三种三元层状碳化物材料沿 c 轴方向的抗压缩强度要比沿 a 轴的高。这与 Hadi 等（2019）的计算结果及 A 原子为 Si 和 Al 的 Sc 系基三元层状 MAX 相力学性能一致。剪切弹性常数 C_{12} 和 C_{13} 反映了晶体沿 a 轴上的应力分量。从表 5–2 可以看出，当在 a 轴方向施加较大力的作用时，新型镥基 MAX 相 211 相结构在 b 和 c 方向上的抗剪切变形强度随着 A 位原子半径的增大而呈现减弱趋势。此外，弹性模量 C_{12} 与 C_{44} 的差值（$C_{12}-C_{44}$）被定义为柯西压力，它是反映固体材料的延展性与脆性的一个特征指标，若其为正数，则材料表现为韧性，反之则表现为脆性。在本章计算的这三种镥基 MAX 相 211 相结构中，Lu_2AlC 的柯西压力为正数，该计算与 Sc_2AlC 的计算结果一致，而 Lu_2SiC 和 Lu_2SnC 的柯西压力为负数。这表明，当 A 位原子是 Al 的时候这种三元层状碳化物有一定的延展性，而当 A 位原子为 Si 和 Sn 时，其表现为脆性材料。此外，根据 Hadi 等（2019）的研究描述，柯西压力还可以预测结构中化学键的特征，若其为正数，则表现为金属键的特征；若其为负数，则反映出在一定角度方向上的共价键特征。因此，Lu_2SiC 和 Lu_2SnC 明显表现出在一定角度方向上的共价键特征。同时，弹性模量 C_{44} 间接反映了材料的压痕硬度性能，C_{44}

越小，表示该材料易加工性能越好。因此，结合计算结果分析，本章所预测的这三种镥基三元层状碳化物的易加工性能顺序为 $Lu_2AlC>Lu_2SnC>Lu_2SiC$。

此外，体模量和剪切模量也是反映材料的体积和形状变化的重要参数，所以本章还计算了这三种不同 A 位原子镥基三元层状 MAX 相 211 相结构的体模量 B、剪切模量 G、杨氏模量 E 和泊松比，结果如表 5-2 所示。

计算公式为

$$B_V=\frac{1}{2}\left[2\left(C_{11}+C_{12}\right)+4C_{13}+C_{33}\right] \tag{5-2}$$

$$G_V=\frac{1}{30}\left(C_{11}+C_{12}+2C_{33}-4C_{13}+12C_{44}+12C_{66}\right) \tag{5-3}$$

$$B_R=\frac{\left(C_{11}+C_{13}\right)C_{33}-2C_{13}^2}{C_{11}+C_{12}+2C_{33}-4C_{13}} \tag{5-4}$$

$$G_R=\frac{5C_{44}C_{66}\left[\left(C_{11}+C_{12}\right)C_{33}-2C_{13}^2\right]}{2\left[3B_V C_{44}C_{66}+\left\{\left(C_{11}+C_{12}\right)C_{33}-2C_{13}^2\right\}\left(C_{44}+C_{66}\right)\right]} \tag{5-5}$$

$$E=\frac{9BG}{3B+G} \tag{5-6}$$

$$v=\frac{3B-2G}{2\left(3B+G\right)} \tag{5-7}$$

根据表 5-2 的计算结果可以明显地看出，所有结构的体模量 B 值都大于剪切模量 G 值，这意味着这些结构的剪切模量限制了其力学稳定性。体模量 B 可以反映晶体结构中的化学键强弱，因此根据体模量 B 值的大小可以推测晶体中化学键作用的强弱顺序：$Lu_2SiC>Lu_2AlC>Lu_2SnC$。根据 Sun（2011）的研究可知，体

模量 B 与弹性模量 C_{44} 的比值 μ_M 是材料的机械加工性能的指标，体模量 B 与弹性模量 C_{44} 的比值越高表示材料机械加工性能越优异，因此根据计算结果可知，所计算的三种镥基三元层状碳化物中，Lu_2AlC 的机械加工性能优于 Lu_2SnC 和 Lu_2SiC 的机械加工性能。剪切模量 G 反映了材料的抵抗剪切应变的能力，根据计算结果可知，Lu_2SiC 结构的抵抗剪切应变的能力较强，该计算结果与 Hadi 等（2019）报道的 Sc 基三元层状碳化物的特征一致。此外，从经验公式上讲，体模量 B 与剪切模量 G 的比值也常被用于表征材料的延展性与脆性特征，即 B/G 值大于 1.75 为韧性材料，小于 1.75 为脆性材料。根据计算结果可以看出，无论是本论文所计算的三种镥基三元层状碳化物材料还是 Hadi 等（2019）报道的同族钪基三元层状碳化物材料，它们在本质上都属于脆性材料。

泊松比是表征晶体材料本征物性的重要参数，它可以预测固体材料抗剪切稳定性。泊松比的值越小，预示着材料抗剪切能力越强。因此，从本书理论计算数据可以看出，本书所计算材料的抗剪切稳定性顺序为 $Lu_2SnC>Lu_2SiC>Lu_2AlC$，且该计算结果与 Hadi 等（2019）报道的三元层状 MAX 相结构的性质是一致的。泊松比还可以反映材料在单轴形变情况下体积变化的大小，当泊松比等于 0.25 和 0.5 时分别代表中心力固体的上限和下限，当等于 0.5 时表示弹性形变中体积不发生变化。根据本书计算结果可知，Lu_2SnC、Lu_2SiC 和 Lu_2AlC 三种材料的泊松比均小于 0.25，这说明它们的结构产生形变时体积将发生很大的变化。相比而言，Lu_2AlC 有较大的泊松比 0.239，其在形变时体积变化相对小一些。泊松比还是预测晶体材料模型失效的重要工具，临界值为0.26，若晶体结构的泊松比小于0.26，表示该材料发生的是脆性失效；若晶体结构的泊松比大于0.26，则表示该材料发生的是韧性失效。结合本书计算的三种不同A位原子的镥基三元层状碳化物结构的泊松比，本章预测这三种固体材料一旦遭遇破坏会发生不经过形变的脆性断裂。在晶体材料中，泊松比还可以预测晶体结构中的化学键特征，如全部以共价键结合而存在的晶体，其晶体结构的泊松比是0.10；而完全由金属键构成的晶体，其晶体结构的泊松比是0.33。本章预测的镧系基三元层状碳化物中泊松比最大的是Lu_2AlC，为0.239；最小的是Lu_2SnC，为0.193。无论是Lu基还是Sc系三元层状碳化物，这些材料的泊松比均在0.10～0.33范围内，因此可以预测在这些三元层状MAX相结构中既存在共价键又存在金属键的相互作用。

杨氏模量E一般用于表征材料的刚性和抗热震性能，较大的杨氏模量值表示材料刚性大。根据表5–2给出的杨氏模量值可知，在本书计算的镥基三元层状碳化物中，Lu_2SiC的刚性最大，Lu_2AlC结构的韧性最好，这与前面根据柯西压力判断的结果一致。在表5–2所列的三元层状结构中，无论是Sc基还是Lu基三元层状MAX相211结构，都是当A位原子是Si时，其刚性最大。临界抗热震强度R与杨氏模量E成反比关系，抗热震性能越强对应的杨氏模量E值越小。根据计算结果可知，当A位原子为铝时，镥基三元层状MAX相211结构的抗热震性能优于A位原子为硅和锡的，这意味着镧系三元层状碳化物在热障涂层（TBC）领域有一定的应用前景。

人们在讨论材料的力学性能时一般会考虑晶格的畸变以及在形变时产生的微小裂纹对该结构材料力学性能的影响。而各向异性广泛存在于各种材料中，尤其对晶体结构，不同方向上其性能也存在差异，且有严格的对称性。一般地，晶体材料的弹性各向异性在弹性常数计算结果中表现为 $C_{11}>C_{33}$ 或 $C_{33}>C_{11}$，根据此标准以及计算结果（表 5–2）可知，表中镥基三元层状碳化物 MAX 相的 211 结构的 A 位原子无论是铝是硅还是锡，都具有弹性各向异性。为了进一步定量地研究其各向异性，本章根据它们的弹性常数计算了这些属于六角晶系的三元层状碳化物的剪切各向异性因子 A_1、A_2、A_3 和 K_c/K_a，并分析了这种结构的弹性各向异性，计算结果如表 5–3 所示。

$$A_1=\frac{(C_{11}+C_{12}+2C_{33}-4C_{13})}{6C_{44}} \tag{5–8}$$

$$A_2=\frac{2C_{44}}{C_{11}-C_{12}} \tag{5–9}$$

$$A_3=\frac{(C_{11}+C_{12}+2C_{33}-4C_{13})}{3(C_{11}-C_{12})} \tag{5–10}$$

表 5–3　M_2AC（M=Lu、Sc，A=Si、Al、Sn）MAX 相 211 结构的弹性各向异性因子

结构	A_1	A_2	A_3	K_c/K_a	数据来源
Lu_2SiC	0.954 9	1.121 2	1.303 0	0.904 1	本书
Sc2SiC	1.230 5	1.035 4	1.491 7	0.897 8	Aryal 等（2014）
Lu_2AlC	1.350 0	0.900 9	1.474 4	0.934 7	本书

续　表

结构	A_1	A_2	A_3	K_c/K_a	数据来源
Sc2AlC	1.705 6	0.862 3	1.672 7	1.063 6	Aryal 等（2014）
Lu_2SnC	1.155 9	0.939 3	1.277 7	0.945 2	本书
Lu_2SnC	1.250 0	0.888 8	1.301 5	1.065 6	Li 和 Yang（2016）
Sc2SnC	1.285 7	0.888 8	1.359 7	1.223 8	Aryal 等（2014）

剪切面 {100} 沿 <011> 和 <010> 两个晶向方向的剪切模量之比记为 A_1，同理，剪切面 {010} 沿 <101> 和 <001> 两个晶向方向上的剪切模量数值的比值记为 A_2，A_3 代表的含义为剪切面 {001} 沿 <110> 和 <010> 两个晶向所在方向的剪切模量之比。一般地，学者会将计算的剪切各向异性因子的值与正整数 1 比较，若全部等于 1，说明该晶体弹性性质呈各向同性，但只要有一个剪切各向异性因子的数值不等于 1，则说明计算的晶体材料的弹性性质呈现各向异性。表 6–3 的计算结果可以看到，本章所计算的三种 A 位原子不同的镥基三元层状碳化物晶体的剪切各向异性因子都不等于 1，这说明本节所研究的这三种镥基 MAX 相 211 结构的弹性性质均呈现各向异性。该结果与 Hadi 等（2019）报道钪系基三元层状碳化物结构弹性各向异性的结果是一致的，钪系基 MAX 相 211 结构材料的弹性性质也呈现各向异性。

K_c/K_a 是（$C_{11}+C_{12}-2C_{13}$）与（$C_{33}-C_{13}$）的比值，该值经常被学者用来量化材料的弹性各向异性。K_a 和 K_c 分别是沿 a 轴和 c 轴方向的弹性压缩系数，从计算结果可以看出，本书所计算的镥

基三元层状碳化物 Lu_2SnC、Lu_2SiC 和 Lu_2AlC 三种材料的 K_c/K_a 均不等于 1，即三种材料在沿 a 轴方向的弹性压缩系数与沿 c 轴方向的弹性压缩系数不同，这说明了这三种三元层状碳化物材料呈现弹性各向异性。

5.5 本章小结

本章基于密度泛函理论第一性原理方法，设计了三种不同 A 位原子种类的镧系基三元层状碳化物结构模型，经过在 CASTEP 软件包上对结构模型进行高精度结构弛豫，最终得到了稳定的 Lu_2AlC、Lu_2SiC 和 Lu_2SnC 结构。预测镥基三元层状碳化物的电子结构与力学性能为镧系基层状碳化物的研究开启了新方向并提供了一定的理论研究思路。此外，基于 GGA-PBE 泛函研究了 Lu_2AlC、Lu_2SiC 和 Lu_2SnC 结构的电子性能，完成了弹性常数计算，并分析了 Lu_2AlC、Lu_2SiC 和 Lu_2SnC 这三种三元层状材料的机械加工性能和弹性各向异性等结果。主要结论如下。

（1）在镥基三元层状 MAX 相 211 结构中，无论 A 位原子是铝是硅还是锡，Lu_2AC 结构的电子能带图均穿过费米能级，表现为金属性质。

（2）根据 B/G 比值以及泊松比计算结果可知，Lu_2AlC、Lu_2SiC 和 Lu_2SnC 这三种固体材料一旦遭遇破坏都会发生不经过形变的脆性断裂。

（3）Lu_2AlC、Lu_2SiC 和 Lu_2SnC 这三种三元层状材料的弹性

性质均呈现各向异性。

（4）Lu_2AlC、Lu_2SiC 和 Lu_2SnC 这三种三元层状材料的机械加工性能顺序为 $Lu_2AlC>Lu_2SnC>Lu_2SiC$。

第 6 章　镧系基二维层状碳化物的结构与性能预测

Novoselov 等（2004）采用机械剥离石墨的方法成功地获得了石墨烯（Graphene），石墨烯的出现为相关材料科学和凝聚态物理学开辟了新的研究领域。正是由于石墨烯的合成与其令人惊叹的物理和化学性质，使 Andre Geim 和 Konstantin Novoselov 在 2010 年荣获了诺贝尔奖。近十年来，石墨烯的突破性发现和成功应用激发了类石墨烯的原子级二维材料的快速发展，包括单元素材料（如硅烯、锗烯、磷烯、硼烯等）、双元素材料（如氮化硼、过渡金属硫化物或氧化物等）和多元素材料（如层状金属氢氧化物、金属有机骨架和共价有机骨架等）。在后石墨烯时代，过渡金属碳化物或氮化物已成为一种重要且越来越受认可的二维纳米材料。它具有许多优越的特性，如元素组成灵活可调性、金属特性、载流子迁移各向异性、易调的能带隙以及良好的光学和机械性能。因此，MXenes 被认为是拥有巨大应用潜力的二维材料而备受关注。

为了更好地利用 MXenes 的这些优异特性，近年来研究学者通过插层、层离、功能化、杂化等方式并结合理论计算的先进研究模式，成功开发和发展了多种新型功能化的 MXenes 纳米结构，如单层、多层、纳米粒子、量子点和功能复合材料等。在能源转化及储存、催化、吸附、分离、传感器等领域展现出卓越的性能与广阔的应用前景。然而，在高温领域，尤其是核能领域，MXenes 的研究还是一片空白，且目前实验合成的 MXenes 材料大多呈现金属性。但是，在元素周期表中“稀土家族”形成的二维碳化物结构，Sc 系基 MXenes 的理论预测报道了其半导体性质以及磁性和较低功函数和较高的电子迁移率等优异的性质，这充分显示出了 Sc 系基二维碳化物材料在半导体自旋电子器件中的应用前景。此外，还有 $Sc_2C(OH)_2$（Zha et al.,2016）和 $Y_2C(OH)_2$（Hong，Klie，and Öğüt，2016）MXenes 结构是目前报道中仅有的两个具有直接带隙的半导体性能。

稀土元素有“工业的维生素”的美誉，因其具有特殊的光、电、磁性质，常被用来开发如铁磁、磁致伸缩、荧光、储氢和催化剂等新材料。而我国稀土资源丰富，储量约占世界总储量的90%，因此研究和开发利用各种稀土基新型材料具有十分重要的战略意义。通过上述理论报道可知，稀土元素中的 Sc 基二维碳化物有着不可估量的应用潜力。因此，与 Sc、Y 位于同一族的镧系是否可以形成这种类似的二维层状碳化物将成为一个值得探究的工作内容。镧系二维碳化物的理论计算工作在为材料化学的拓展起推进作用的同时必将为 MXenes 结构多样性以及其在核能及其他领域发挥潜能起一定的作用。例如，核工业后端循环中核素的吸附以及做核领域器件等。因此，本章主要从不同镧系基二维碳化物构型出发，考虑了不同表面官能团的存在对其本征物性的影响。本章的预测结果及方法对于模拟新型 MXenes 材料的电子结构及本征物性将起到很好的借鉴作用，也有利于指导实验合成半导体及磁性 MXenes。

6.1 计算细节

本章采用基于第一性原理密度泛函理论的投影缀加波方法的 VASP 软件包和 Materials Studio 软件中的 CASTEP 模块分别计算平衡晶格常数和各种性能。首先，在 VASP 软件包计算中冻结 f 电子，PAW 方法用于描述离子与电子之间的相互作用即赝势，主要采用交换关联泛函为广义梯度近似 GGA-PBE 泛函和 HSE06 泛函描述。平面波的截断能设置为 500 eV，在优化过程中，原子弛豫的力收敛标准为 1.0×10^{-3} eV/Å，能量的收敛标准为 1.0×10^{-8} eV/unitcell。为计算模拟锕系二维碳化物 MXenes 结构及其性能，必须考虑结构模型中层与层间相互作用的影响。因此，在搭建模型中 c 方向上增加大于 15Å 厚度的真空层。基于六角原胞的布里渊区，对应的 k 点网格设为 $12\times12\times1$。所有的结构模型都可在 Vesta 软件中实现可视化。声子谱计算是利用基于密度泛函微扰理论 DFPT 与 Phonopy 软件包结合计算得到力常数矩阵和声子频率，而其中的电子结构计算则由 VASP 完成；在 Materials Studio 软件中的 CASTEP 模块中不冻结 f 电子，平面波的截断能设置为 500 eV，在优化过程中，采用 BFGS 方法，原子弛豫的力收敛标准为 1.0×10^{-2} eV/Å，能量的收敛标准

为 5.0×10^{-6} eV/atom，最大移动位移为 5.0×10^{-4} Å，最大压力为 2.0×10^{-2} GPa。本章所有研究的结构模型都可在 Materials Studio 软件中实现可视化。

6.2　冻结 f 电子时 M_2C 的结构与稳定性

6.2.1　模型搭建

为了探索镧系基二维碳化物的稳定构型，本书搭建了两种不带表面基团的镧系基二维碳化物的模型，这两种模型分别称为 T 构型和 H 构型，如图 6-1 所示（Chen et al.,2017）。其中，（a）（b） 为 M_2C（M=La、Ce、Pr、Nd、Sm、Eu、Gd、Tb、Dy、Ho、Er、Tm、Yb、Lu）的 T 构型和 H 构型的俯视图，（c）（d）为侧视图。T 构型为常见二维过渡金属碳化物 MXenes 构型，即以碳为中心对称；而 H 构型则为类似于 MoS_2 的非中心对称构型。

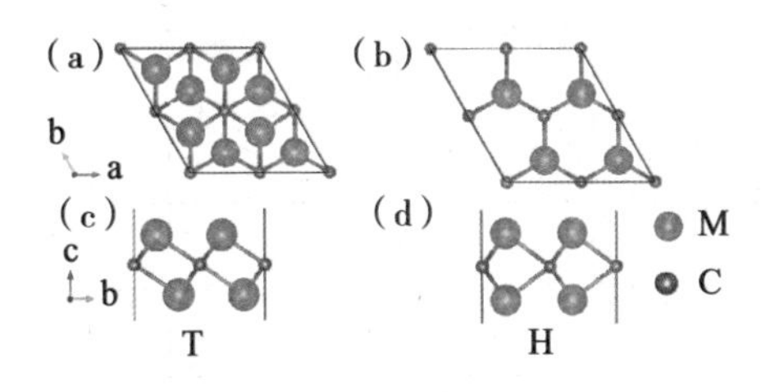

图 6-1　M_2C 的 T 构型和 H 构型的俯视图、侧视图

6.2.2　结构弛豫与晶格动力学行为（声子）

首先，对搭建好的结构模型进行结构弛豫，结构优化后将两

种不同构型的相对总能量列于表 6–1 中，从表中数据可以看出，对于没有加表面基团的镧系基二维碳化物 M_2C 结构来说，H 构型的能量全部高于 T 构型的总能量，因此可以说，它们均以 T 构型，也就是常见的中心对称 MXenes 构型为相对稳定构型。

表 6–1　M_2C 的 T 构型和 H 构型的相对总能

单位：eV

MXenes	T 型	H 型
La_2C	0.00	1.09
Ce_2C	0.00	1.19
Pr_2C	0.00	1.19
Nd_2C	0.00	1.19
Sm_2C	0.00	1.19
Eu_2C	0.00	1.20
Gd_2C	0.00	1.21
Tb_2C	0.00	1.21
Dy_2C	0.00	1.20
Ho_2C	0.00	1.19
Er_2C	0.00	1.17
Tm_2C	0.00	1.15
Yb_2C	0.00	0.48
Lu_2C	0.00	1.16

其次，将结构优化好的 14 个不带表面基团的镧系基二维碳化物 MXenes 构型基于密度泛函微扰理论（DFPT）与 Phonopy 软件包分别计算出它们的声子频率。计算结果如图 6–2 所示，所有 M_2C（M=La、Ce、Pr、Nd、Sm、Eu、Gd、Tb、Dy、Ho、Er、Tm、Yb、Lu）结构的声子频率都出现在零点以上，均没有虚频。该结果说明，这种没有带表面基团的镧系基二维碳化物构型是稳定的，也为下一步 M_2CT_2 构型的设计与预测提供了一定的理论依据。

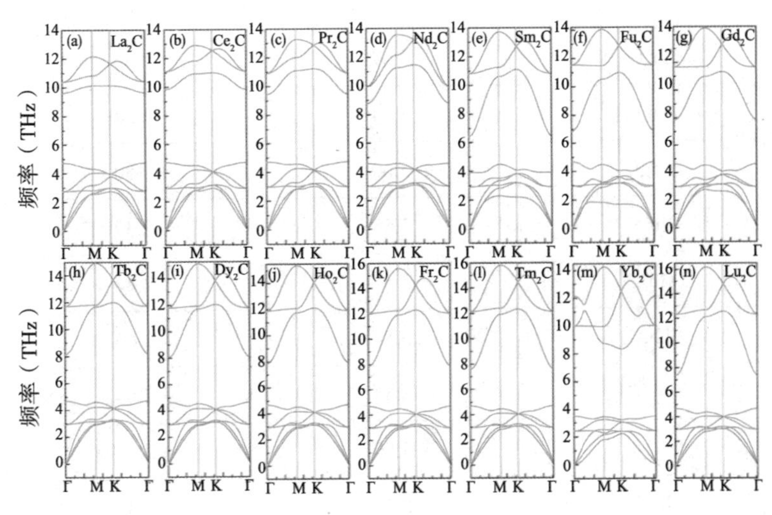

图 6–2　M_2CT 构型的声子谱

非功能化的稳定性镧系基二维碳化物的晶胞参数和中心镧系原子与碳相互作用的键长的计算结果如表 6–2 所示。非功能化的稳定性镧系基二维碳化物晶胞参数 a 值随着原子序数的增大呈现减小趋势，其中 Lu_2C 的 a 值最小，为 3.44 Å。同时，碳与镧系中心原子的键长也从 La 到 Lu 呈现逐渐减小的趋势，Lu–C 键最短，键长为 2.39 Å。该结果说明，镧系原子与碳的相互作用随着原子序数的增大而增强。

表6-2 M_2C 的 T 构型晶胞参数和 M–C 键长

单位：Å

MXenes	*a*	M–C
La_2C	3.71	2.58
Ce_2C	3.71	2.58
Pr_2C	3.67	2.56
Nd_2C	3.64	2.54
Sm_2C	3.60	2.50
Eu_2C	3.58	2.49
Gd_2C	3.55	2.47
Tb_2C	3.54	2.46
Dy_2C	3.52	2.44
Ho_2C	3.50	2.43
Er_2C	3.49	2.45
Tm_2C	3.48	2.41
Yb_2C	3.85	2.51
Lu_2C	3.44	2.39

6.3　冻结 f 电子时 M_2CT_2 的结构稳定性及电子性能

6.3.1　模型搭建

在确定了 M_2C（M=La、Ce、Pr、Nd、Sm、Eu、Gd、Tb、Dy、Ho、Er、Tm、Yb、Lu）构型的稳定性后，本书根据表面基团在 M_2C 表面的位置设计了六种不同的结构模型，如图 6–3 所示。

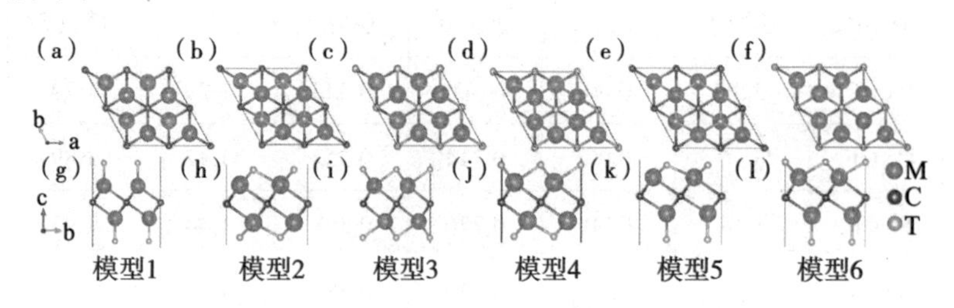

图 6–3　镧系基 MXenes 的六种不同构型

由于实验上合成 MXenes 结构的刻蚀试剂一般为氢氟酸的水溶液或者氟化物盐及酸的混合液，因此在形成的二维片状 MXenes 结构表面会带有—F、—O 和—OH 等带负电的表面基团。因此，在理论计算设计模型中，本书考虑了这三种不同的表面基团均匀地附着在镧系基二维碳化物的表面的情况。所以，本节计算镧系基二维碳化物的结构共计 252（14 种镧系元素、6 种模型、3 种表面基团相乘，即 14 × 6 × 3=252）个。

6.3.2 结构优化与结合能计算

为了预测这 252 种构型的稳定性，本书按照上述计算细节对结构进行了优化，并将其结构优化结果及结构相对总能数据列于表 6–3、表 6–4 和表 6–5 中。由于在上节 M_2C 构型的预测中发现他们均以常见的以碳为中心对称的构型（模型 2）稳定存在，因此本书在统计能量中以第二种模型的能量为基准，分别统计了相对能量。

表 6–3　以—F 为表面基团的镧系基 MXene 构型相对于第二种构型的总能

单位：eV

MXenes	模型 1	模型 2	模型 3	模型 4	模型 5	模型 6
La_2CF_2	3.90	0.00	1.65	0.343	1.29	1.79
Ce_2CF_2	3.16	0.00	0.714	0.353	1.42	1.89
Pr_2CF_2	3.14	0.00	0.746	0.368	1.44	1.93
Nd_2CF_2	3.13	0.00	0.779	0.382	1.46	1.96
Sm_2CF_2	3.12	0.00	0.845	0.406	1.48	2.01
Eu_2CF_2	3.15	0.00	0.890	0.425	1.49	2.05
Gd_2CF_2	3.08	0.00	0.906	0.422	1.48	2.04
Tb_2CF_2	3.13	0.00	0.928	0.426	1.46	2.04
Dy_2CF_2	3.02	0.00	0.946	0.427	1.45	2.09
Ho_2CF_2	2.99	0.00	0.972	0.426	1.43	2.04
Er_2CF_2	3.05	0.00	1.08	0.517	1.51	2.13

续 表

MXenes	模型 1	模型 2	模型 3	模型 4	模型 5	模型 6
Tm_2CF_2	2.93	0.00	0.997	0.422	1.40	2.04
Yb_2CF_2	4.50	0.00	0.547	0.256	2.15	2.61
Lu_2CF_2	2.97	0.00	1.30	1.17	1.49	2.61

表 6-4 以—OH 为表面基团的镧系基 MXenes 构型相对于第二种构型的总能

单位：eV

MXenes	模型 1	模型 2	模型 3	模型 4	模型 5	模型 6
$La_2C(OH)_2$	2.35	0.00	0.349	0.184	1.15	1.38
$Ce_2C(OH)_2$	2.60	0.00	0.368	0.180	1.26	1.48
$Pr_2C(OH)_2$	2.63	0.00	0.399	0.192	1.28	1.52
$Nd_2C(OH)_2$	2.65	0.00	0.433	0.204	1.54	1.29
$Sm_2C(OH)_2$	2.66	0.00	0.469	0.232	1.32	1.60
$Eu_2C(OH)_2$	2.69	0.00	0.553	0.245	1.33	1.62
$Gd_2C(OH)_2$	2.68	0.00	0.610	0.274	1.35	1.66
$Tb_2C(OH)_2$	2.63	0.00	0.639	0.255	1.32	1.66
$Dy_2C(OH)_2$	2.64	0.00	0.564	0.261	1.34	1.67
$Ho_2C(OH)_2$	2.67	0.00	0.759	0.300	1.34	1.67
$Er_2C(OH)_2$	2.61	0.00	0.632	0.305	1.33	1.70

续 表

MXenes	模型 1	模型 2	模型 3	模型 4	模型 5	模型 6
$Tm_2C(OH)_2$	2.63	0.00	0.810	0.262	1.60	1.28
$Yb_2C(OH)_2$	3.64	0.00	0.302	0.136	1.83	2.05
$Lu_2C(OH)_2$	2.56	0.00	0.653	0.346	1.33	1.73

从表 6-3 和表 6-4 中可以发现，以—F 和—OH 为钝化官能团的所有镧系基二维碳化物结构模型中，其他五种模型的能量均高于第二种构型。因此，在所有构型中，模型 2 的能量是最低的，也就是说在以—F 和—OH 为表面基团的镧系二维碳化物中，第二种构型相对于其他五种构型来说是最稳定的。

表 6-5　以 =O 为表面基团的镧系 MXenes 构型相对于第二种构型的总能

单位：eV

MXenes	模型 1	模型 2	模型 3	模型 4	模型 5	模型 6
La_2CO_2	6.01	0.00	0.669	0.2633	2.79	3.31
Ce_2CO_2	6.68	0.00	−0.202	0.287	3.08	3.52
Pr_2CO_2	6.79	0.00	−0.229	0.287	3.14	3.58
Nd_2CO_2	6.88	0.00	−0.249	0.288	3.20	3.64
Sm_2CO_2	7.05	0.00	−0.279	0.290	3.30	3.75
Eu_2CO_2	7.25	0.00	−0.290	0.297	3.39	3.84
Gd_2CO_2	7.26	0.00	−0.288	−0.419	3.44	3.88
Tb_2CO_2	7.32	0.00	−0.314	0.297	3.44	3.92

续　表

MXenes	模型 1	模型 2	模型 3	模型 4	模型 5	模型 6
Dy_2CO_2	7.21	0.00	−0.497	0.124	3.32	3.79
Ho_2CO_2	7.51	0.00	−0.286	0.347	3.58	4.05
Er_2CO_2	7.57	0.00	−0.291	0.319	3.57	4.08
Tm_2CO_2	7.48	0.00	−0.490	−0.582	3.47	3.94
Yb_2CO_2	—	0.00	—	—	—	—
Lu_2CO_2	7.93	0.00	−0.252	0.331	3.64	4.26

然而，对于以 ═O 为表面基团的镧系基二维碳化物则与—F 和—OH 的不同，在以 ═O 为钝化官能团的镧系基二维碳化物构型中，并没有呈现规律性变化，有的是第二种构型的能量最低，有的是其他构型的能量最低，其主要原因是 ═O 与—F 和—OH 不同，从得失电子平衡角度考虑，以 ═O 为钝化官能团时，═O 与镧系原子结合时发生两个电子转移，而—F 和—OH 与二维碳化物表面的镧系原子结合时仅有一个电子发生转移。

鉴于此，本章首先筛选出以—F 和—OH 为表面基团的镧系基二维碳化物构型中的第二种构型作为接下来的研究目标，并进行了系统计算。

为了测试镧系基二维碳化物结构的热力学稳定性，本书根据 Liu 等（2010）的公式分别计算它们的结合能（此处主要以—F 和—OH 为表面基团的第二种构型为研究对象，以下简称为镧系基 MXenes）

$$E_f = E_{tot}(M_2CT_2) - E_{tot}(M_2C) - E_{tot}(T_2) \tag{6-1}$$

式中，E_{tot}（M_2CT_2）为带有表面基团的镧系基 MXenes 结构的总能量，E_{tot}（M_2C）为没有加表面基团时镧系基二维碳化物的总能量，E_{tot}（T_2）为表面基团是 F_2、O_2 或 H_2 的总能量，计算结果如表 6-6 所示。分析表 6-6 可知，以—F 和—OH 为钝化官能团的镧系基 MXenes 结构的结合能均为较大的负值，这说明其结合能强，进一步说明—F 和—OH 表面基团在镧系基二维碳化物表面上与镧系原子发生了较强的键合作用。该结果也为实验中在氢氟酸溶液刻蚀环境中二维碳化物更易于被—F 和—OH 所修饰现象提供了有力的理论依据。在这 28 种镧系基二维碳化物中，以—OH 为钝化官能团的镧系基 MXenes 的结合能数值都要低于以—F 为钝化官能团的，其中—OH 与 Lu_2C 形成 $Lu_2C(OH)_2$ 的结合能最大，为 −17.1 eV；最小的是官能团—F 与 Yb_2C 形成的 Yb_2CF_2，为 −12.1 eV。该结果可以说明，刻蚀实验完成后，在强力水冲洗条件下的一部分—F 表面基团被—OH 表面基团所替换的实验现象（Xie et al.,2014）。

表 6-6　以—F 和—OH 为表面基团的镧系基 MXenes 的结合能

单位：eV

MXenes	E_f	MXenes	E_f
La_2CF_2	−12.4	$La_2C(OH)_2$	−15.8
Ce_2CF_2	−12.3	$Ce_2C(OH)_2$	−15.7
Pr_2CF_2	−12.5	$Pr_2C(OH)_2$	−15.9
Nd_2CF_2	−12.6	$Nd_2C(OH)_2$	−16.0

续 表

MXenes	E_f	MXenes	E_f
Sm_2CF_2	−12.8	$Sm_2C(OH)_2$	−16.3
Eu_2CF_2	−12.9	$Eu_2C(OH)_2$	−16.4
Gd_2CF_2	−13.0	$Gd_2C(OH)_2$	−16.6
Tb_2CF_2	−13.1	$Tb_2C(OH)_2$	−16.6
Dy_2CF_2	−13.2	$Dy_2C(OH)_2$	−16.7
Ho_2CF_2	−13.2	$Ho_2C(OH)_2$	−16.8
Er_2CF_2	−13.3	$Er_2C(OH)_2$	−16.9
Tm_2CF_2	−13.3	$Tm_2C(OH)_2$	−17.0
Yb_2CF_2	−12.1	$Yb_2C(OH)_2$	−15.2
Lu_2CF_2	−13.5	$Lu_2C(OH)_2$	−17.1

6.3.3 晶格动力学行为（声子）及本征稳定性

在完成上述镧系基 MXenes 结构优化与其结合能计算之后，为了进一步预测其动力学本征稳定性，本书基于前述计算方法，研究了镧系基二维碳化物 MXenes 的晶格动力学行为，即分别计算了这些结构的声子谱。计算结果如图 6–4 和图 6–5 所示。从图 6–4 中可以看出，以—F 为钝化官能团的所有镧系基二维碳化物，它们的晶格振动频率均为正实数，声子谱没有出现虚频，这说明所有以—F 为表面基团的镧系基二维碳化物构型在动力学上是稳定存在的。类似地，从图 6–5 中可以看出，以—OH 为钝化官能团的镧系基二维碳化物中，除了 $La_2C(OH)_2$ 和 $Ce_2C(OH)_2$

外，其他也是动力学稳定的。从 $La_2C(OH)_2$ 和 $Ce_2C(OH)_2$ 的声子谱数据可知，在它们的布里渊区的高对称点中心明显出现了 –2.64 THz 和 –1.15 THz 的虚频值。对比图 6–4 和图 6–5 可以发现，以—OH 为钝化官能团的镧系基二维碳化物的声子频率值要远远大于以—F 为表面基团的频率值，这是由于相对质量较轻的 H 元素的存在导致的，即质量越轻晶格振动频率越高。此外，对于同一种表面基团，不同种镧系基二维碳化物最大声子频率也不尽相同，如 Yb_2CF_2 和 Lu_2CF_2 的最大声子频率分别为 13.52 THz 和 18.81 THz，这是由于在不同的镧系基二维碳化物中的成键强弱不同而导致的。一般地，键强越高反映在声子谱中的频率值就越大，这与表 6–3 镧系基二维碳化物形成能结果是一致的。

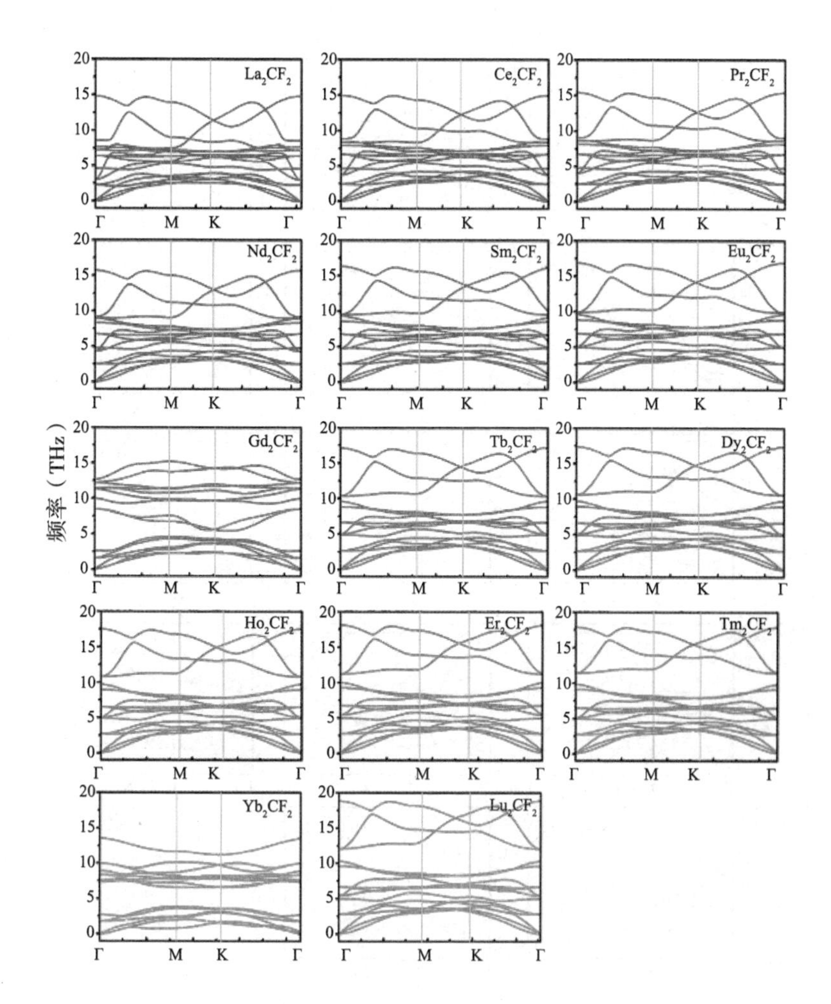

图 6-4　以—F 为表面基团的镧系基 MXenes 的声子谱

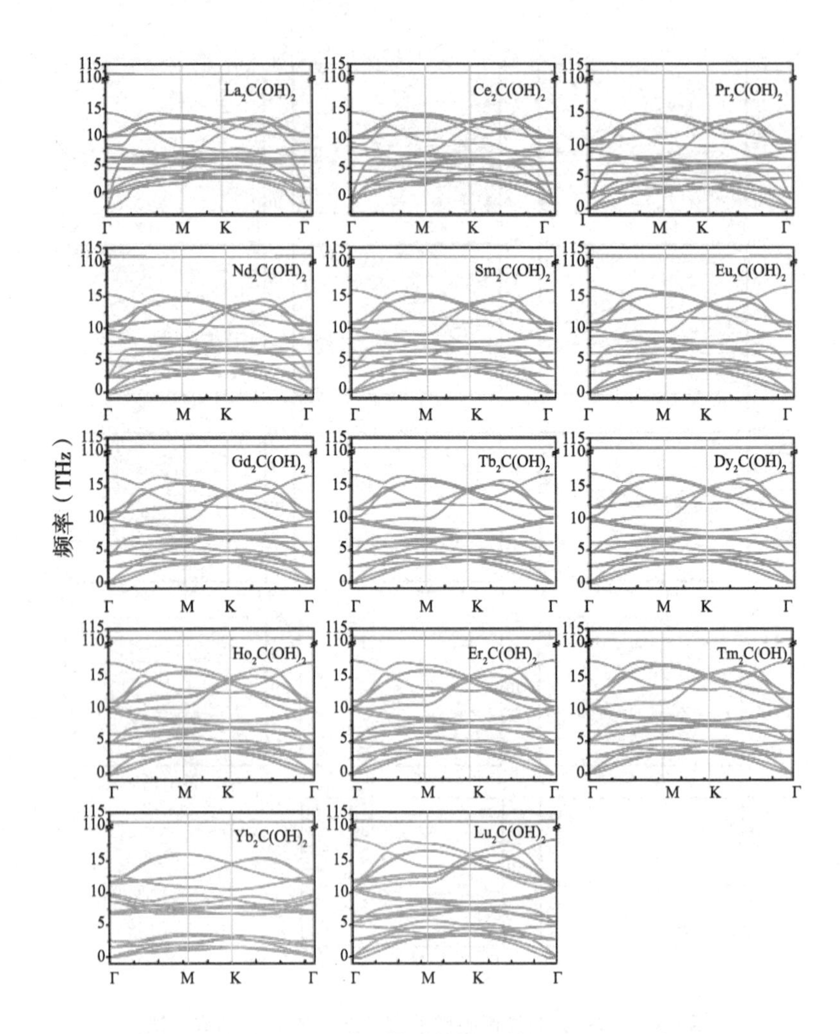

图 6–5　以—OH 为表面基团的镧系基 MXenes 的声子谱

综上所述，理论计算分别从热力学和动力学的角度上预测了大多数镧系基二维碳化物的稳定性，因此本书接下来将以这些稳定的结构作为研究体系进一步采用第一性原理方法探索它们的电子结构和性能。

6.3.4　电子结构

基于前述计算细节，本节计算了以—F 和—OH 为表面基团的镧系基二维碳化物的晶胞参数、层厚、键长和原子电荷，计算结果如表 6–7 和表 6–8 所示。

表 6–7　以 F 为表面基团的镧系基 MXenes 的晶胞参数、层厚、键长和原子电荷

MXenes	*a*（Å）	*h*（Å）	键长（Å）		原子电荷（e）		
			M–C	M—F	M	C	F
La_2CF_2	3.90	6.90	2.70	2.52	1.78	–1.95	–0.811
Ce_2CF_2	3.85	6.85	2.68	2.52	1.82	–1.99	–0.830
Pr_2CF_2	3.80	6.77	2.65	2.49	1.81	–1.98	–0.822
Nd_2CF_2	3.77	6.71	2.62	2.47	1.81	–1.97	–0.818
Sm_2CF_2	3.70	6.60	2.57	2.44	1.81	–1.99	–0.812
Eu_2CF_2	3.65	6.55	2.54	2.41	1.80	–2.00	–0.805
Gd_2CF_2	3.65	6.50	2.53	2.44	1.80	–2.00	–0.804
Tb_2CF_2	3.63	6.47	2.51	2.39	1.81	–2.01	–0.803
Dy_2CF_2	3.61	6.43	2.49	2.38	1.82	–2.03	–0.801
Ho_2CF_2	3.59	6.39	2.48	2.37	1.82	–2.04	–0.801
Er_2CF_2	3.53	6.35	2.45	2.35	1.82	–2.05	–0.797
Tm_2CF_2	3.56	6.32	2.45	2.35	1.86	–2.09	–0.808
Yb_2CF_2	3.58	6.32	2.59	2.25	1.34	–1.17	–0.759
Lu_2CF_2	3.47	6.27	2.40	2.31	1.85	–2.10	–0.802

表 6-8　以—OH 为表面基团的镧系基二维碳化物的晶胞参数、层厚、键长和原子电荷

MXenes	a/Å	h/Å	键长（Å）		原子电荷（e）			
			M–C	M—OH	M	H	C	O
$La_2C(OH)_2$	3.90	10.9	2.71	2.61	1.76	0.524	–1.94	–1.31
$Ce_2C(OH)_2$	3.86	11.0	2.69	2.60	1.78	0.530	–1.97	–1.33
$Pr_2C(OH)_2$	3.80	11.1	2.65	2.49	1.77	0.515	–1.96	–1.31
$Nd_2C(OH)_2$	3.77	11.0	2.62	2.55	1.76	0.532	–1.96	–1.32
$Sm_2C(OH)_2$	3.71	11.5	2.58	2.51	1.77	0.553	–1.97	–1.33
$Eu_2C(OH)_2$	3.68	11.7	2.55	2.49	1.77	0.515	–1.98	–1.29
$Gd_2C(OH)_2$	3.64	10.9	2.53	2.47	1.76	0.576	–1.98	–1.35
$Tb_2C(OH)_2$	3.63	10.7	2.51	2.46	1.77	0.540	–2.00	–1.32
$Dy_2C(OH)_2$	3.61	11.4	2.50	2.45	1.78	0.521	–2.01	–1.30
$Ho_2C(OH)_2$	3.57	11.1	2.47	2.43	1.79	0.513	–2.02	–1.29
$Er_2C(OH)_2$	3.54	10.8	2.45	2.42	1.79	0.513	–2.04	–1.29
$Tm_2C(OH)_2$	3.55	10.8	2.45	2.41	1.82	0.517	–2.07	–1.30
$Yb_2C(OH)_2$	3.63	11.4	2.61	2.35	1.31	0.516	–1.17	–1.24
$Lu_2C(OH)_2$	3.48	10.7	2.41	2.38	1.82	0.511	–2.08	–1.29

根据表 6-7 和表 6-8 计算结果可知，从 La 到 Lu 所有 MXenes 的晶胞参数 a 值要明显大于 Sokolet 等（2019）研究结果中的其他 MXene，这主要是因为镧系周期的原子尺寸大于前过渡金属，进而使镧系基二维碳化物结构的晶胞参数大于以前过

渡金属基二维碳化物的晶胞参数。同时，对比前述没有加表面基团的镧系二维碳化物的结构参数发现，经过—F 和—OH 钝化的镧系基二维碳化物的晶胞参数大于未加表面基团的碳化物的晶胞参数，这个数据信息也可以说明表面基团对镧系基二维碳化物本征物性起着重要作用。

此外，从 La_2CT_2 到 Lu_2CT_2（T=F、OH），随着镧系原子序数的增加，镧系基二维碳化物的晶胞参数以及 M–C 和 M–T 的键长呈减小趋势，这可能是由“镧系收缩”（Yin et al.,2017）引起的。然而，其中重稀土 Yb 所形成的 Yb_2CF_2 和 $Yb_2C(OH)_2$ 则出现反常，从表 6–7 可以看到，Yb_2CF_2 的 a 值是 3.58 Å，既大于前面的 Tm_2CF_2(a=3.56 Å)，也大于后面的 Lu_2CF_2(a=3.47 Å)；Yb–C 键长 2.59 Å 也高于其中一部分 M–C 的键长，而 Yb—F 键长为 2.25 Å，却比其他 M—F 的键长要短，而且 Yb 在 M_2CF_2 中的电荷也小于其他镧系原子在其形成相应的二维碳化物中的电荷。这种现象在 $Yb_2C(OH)_2$ 中类似，这些反常的点反映出，重稀土 Yb 形成的二维碳化物中，Yb 与表面基团的相互作用要比相邻的 Tm 和 Lu 与表面基团的相互作用强，而与碳的相互作用则不如 Tm 和 Lu 与中心碳的相互作用。

由于前述 $Sc_2C(OH)_2$ 和 $Y_2C(OH)_2$MXenes 结构具有直接带隙的半导体性能，因此本节基于 GGA–PBE 泛函分别计算了以—F 和—OH 为表面基团的镧系基二维碳化物稳定构型的电子能带结构。计算结果如图 6–6 和图 6–7 所示。

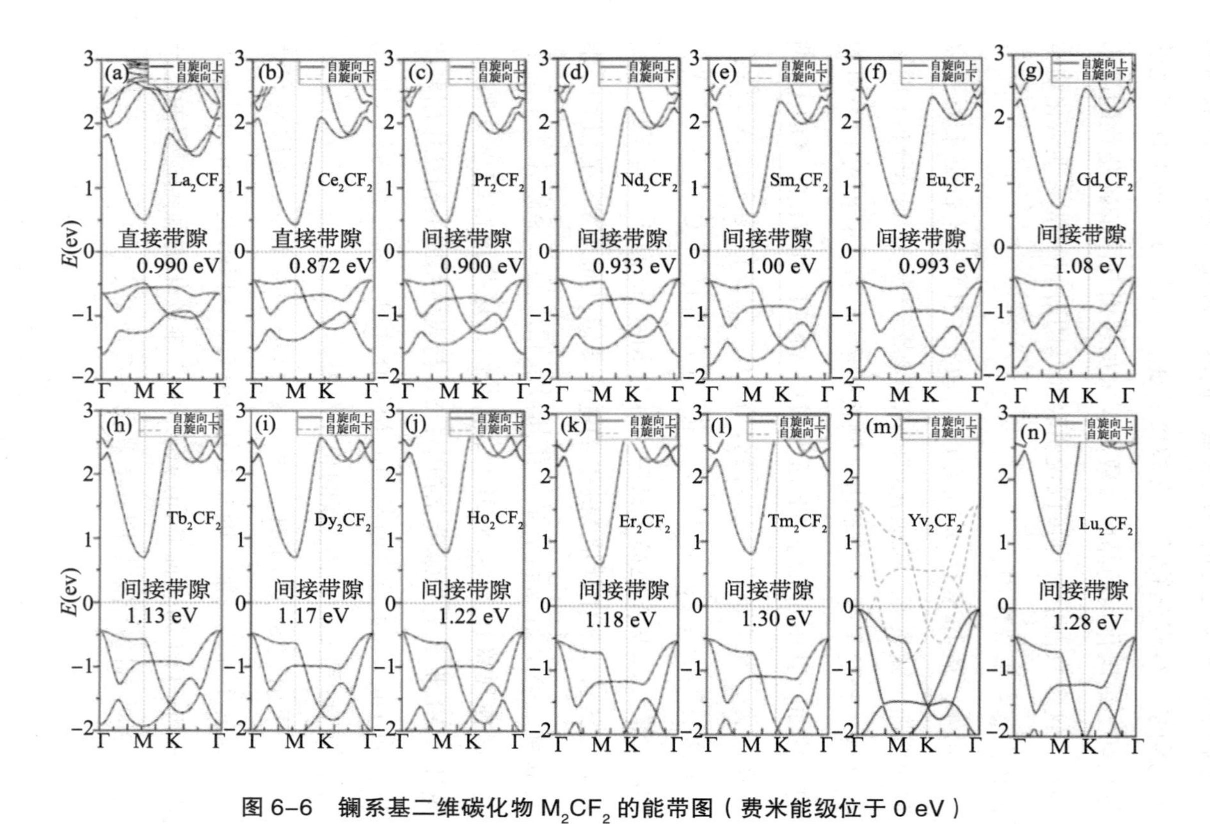

图 6-6 镧系基二维碳化物 M_2CF_2 的能带图（费米能级位于 0 eV）

从图 6–6 可知，在所有稳定构型的镧系基二维碳化物中，以—F 为表面基团的结构除了 Yb_2CF_2 是半金属性以外，其他全部都呈现半导体性，从 La_2CF_2 到 Lu_2CF_2，带隙值分别为 0.990 eV、0.872 eV、0.900 eV、0.933 eV、1.00 eV、0.993 eV、1.08 eV、1.13 eV、1.17 eV、1.22 eV、1.18 eV、1.30 eV 和 1.28 eV，其带隙由直接带隙渐变为间接带隙，其中 La_2CF_2 和 Ce_2CF_2 为直接带隙，其导带低与价带顶均位于布里渊区的高对称 M 点。从 Pr_2CF_2 开始，导带低仍然位于 M 点，而价带顶则偏移至布里渊区内其他点。

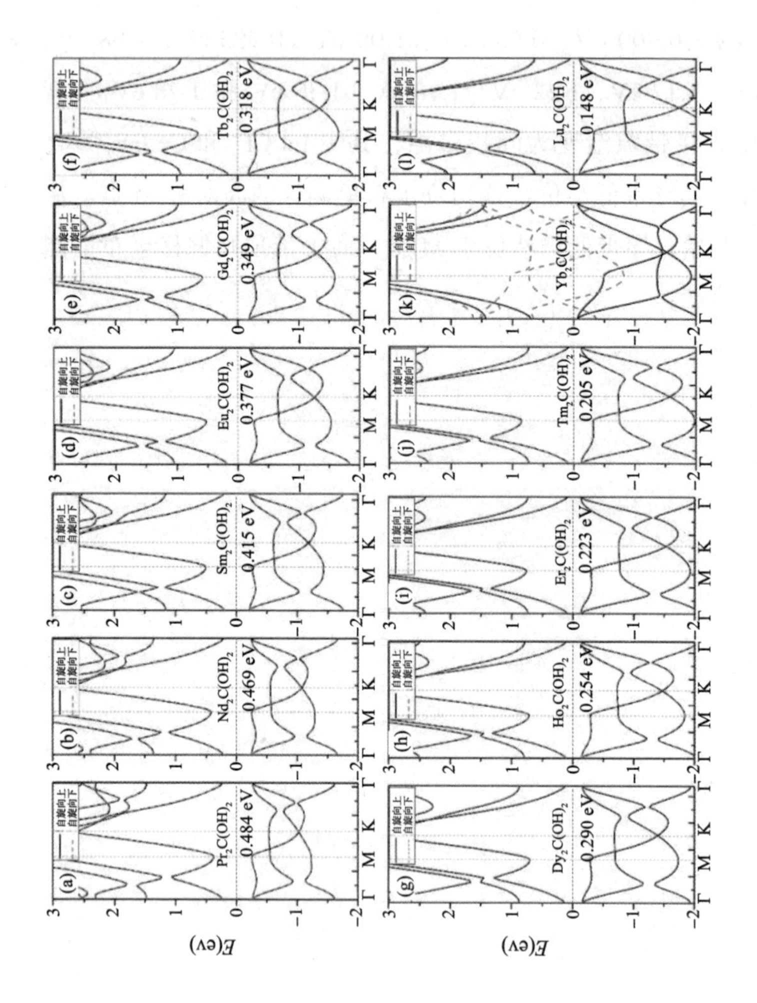

图 6-7　镧系基二维碳化物 $M_2C(OH)_2$ 的能带图（费米能级位于 0 eV）

从图 6-7 的计算结果可以看出，以羟基为表面基团的镧系基二维碳化物除 $Yb_2C(OH)_2$ 以外，其他从 $La_2C(OH)_2$ 到 $Lu_2C(OH)_2$ 均为具有直接带隙的半导体，但是这些以羟基为表面基团的镧系基二维碳化物的带隙值明显小于以氟为表面基团的镧系基二维碳化物的带隙值。

为了深入探究以氟为表面基团的镧系基二维碳化物由直接带隙向间接带隙转变的原因，本节计算了这些镧系基二维碳化物结构中高对称点处的电子波函数。计算结果如图 6-8 所示，其中（a）～（m）是 M_2CF_2 中 Γ 点的最高占据态的电子波函数，（n）～（z）是 M_2CF_2M 中点的最高占据态的电子波函数（M=Tb、Dy、Ho、Er、Tm、Lu、La、Ce、Pr、Nd、Sm、Eu、Gd）。从图 6-8 可以看出，在 Γ 点的最高占据态的电子波函数主要由中心碳原子和表面基团所贡献，而在 M 点则主要由中心碳原子贡献。随着原子序数的增大，其价电子也增多。因此，镧系原子可以提供更多的电子给中心碳和表面基团氟，并可以得知，从 La_2CF_2 到 Lu_2CF_2 随着原子序数的增大，在高对称点 Γ 点得到的电子要多于 M 点，Γ 点的价带顶能量相应的也要高于 M 点，所以随着原子序数的增加，其带隙由直接带隙渐变为间接带隙。

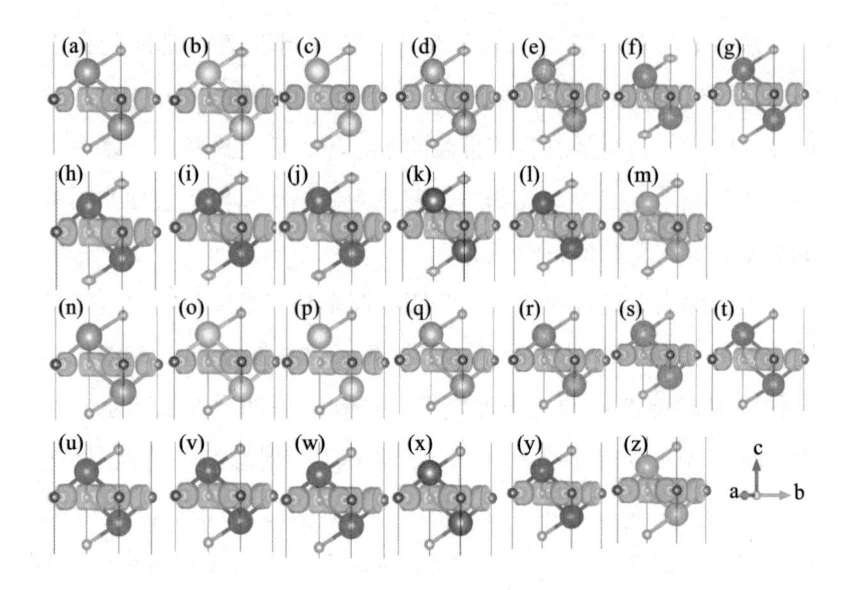

图 6-8　M_2CF_2 中 Γ 点和 M 点最高占据态的电子波函数

从以 M_2CF_2 的能带数值及文献调研可以预测，具有半导体性的以—F 为表面基团的镧系基二维碳化物有望在半导体和光学器件中发挥一定作用。从图 6-6 中看出，Yb_2CF_2 结构，其自旋向上的电子态表现出一个值为 2.78 eV 的带隙，因此该结构有较高的自旋极化率，在自旋电子学领域有所应用。从图 6-7 可知，所有以—OH 为表面基团的镧系基二维碳化物的稳定构型，除 $Yb_2C(OH)_2$ 以外均为具有间接带隙的半导体，其带隙值从 $Pr_2C(OH)_2$ 到 $Lu_2C(OH)_2$ 分别为 0.484 eV、0.469 eV、0.415 eV、0.377 eV、0.349 eV、0.318 eV、0.290 eV、0.254 eV、0.223 eV、0.205 eV 和 0.148 eV。带隙值明显小于以—F 为钝化官能团的镧系基二维碳化物结构。而 $Yb_2C(OH)_2$ 呈半金属性，其自旋向上电子态有一个值为 0.773 eV 的带隙，小于 Yb_2CF_2。

此外，由于 PBE 泛函低估带隙现象，本章基于 HSE06 泛函进行了二维碳化物的电子能带计算，HSE06 泛函的计算量较大，是 PBE 计算量的 10 倍多，考虑到计算量以及计算资源问题，本节只选取了 Gd_2CF_2 和 $Gd_2C(OH)_2$ 两个结构做了 HSE06 泛函计算，计算结果如图 6–9 所示。

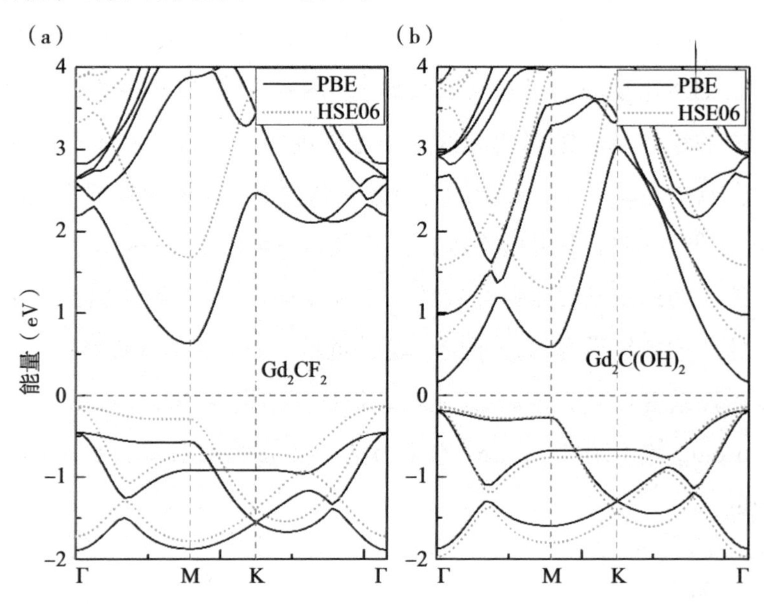

图 6–9　基于 HSE06 和 PBE 泛函计算的 Gd_2CT_2（T=F、OH）的电子能带结构（费米能级位于 0 eV）

从图 6–9 计算结果可以看到，经过 HSE06 泛函计算后，电子能带结果与 PBE 计算结果类似，而带隙值明显大于 PBE 计算结果。其中，Gd_2CF_2 的带隙值由 1.08 eV 增加到 1.81eV，1.81 eV 的带隙值更接近于实际值，该带隙值满足半导体器件及可见光学电子器件的要求。而 $Gd_2C(OH)_2$ 的带隙值也由 0.349 eV

增加至 0.920 eV，因此以—OH 为钝化官能团的镧系基二维碳化物的带隙值有望在光催化或近红外光学器件中有一定应用。

此外，本章还计算了所有以—F 和—OH 为表面基团的镧系基二维碳化物结构的电子态密度信息，计算结果如图 6–10 和图 6–11 所示。图 6–10 是以—F 为钝化官能团的镧系基二维碳化物的电子态密度图［（a）～（n）分别表示金属中心原子从镧到镥的二维碳化物的电子态密度数据］。图 6–11 是以羟基为钝化官能团的镧系基二维碳化物的电子态密度图［（a）～（l）分别表示金属中心原子从镨到镥的二维碳化物的电子态密度数据］从图 6–10 和图 6–11 中可以看出，无论是以—F 还是以—OH 为表面官能团的镧系基二维碳化物的价带顶（VBMs）主要是由镧系中心原子的 d 轨道和碳原子的 p 轨道贡献，而导带底（CBMs）主要由镧系中心原子的 d 轨道贡献，该计算结果与 Chen 等（2017）、Kurtoglu 等（2012）、Zha 等（2016）报道的 MXenes 结果是类似的。

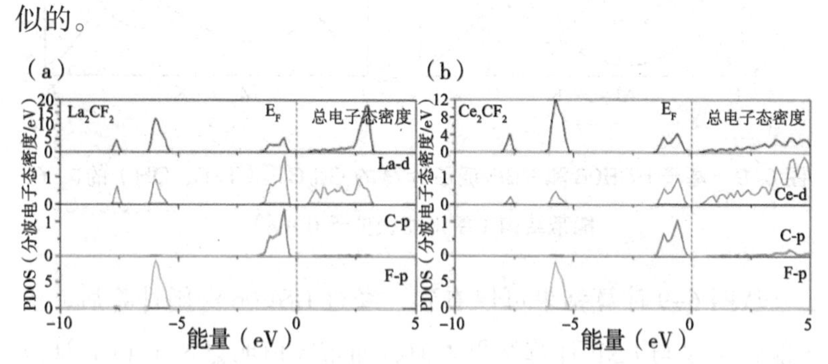

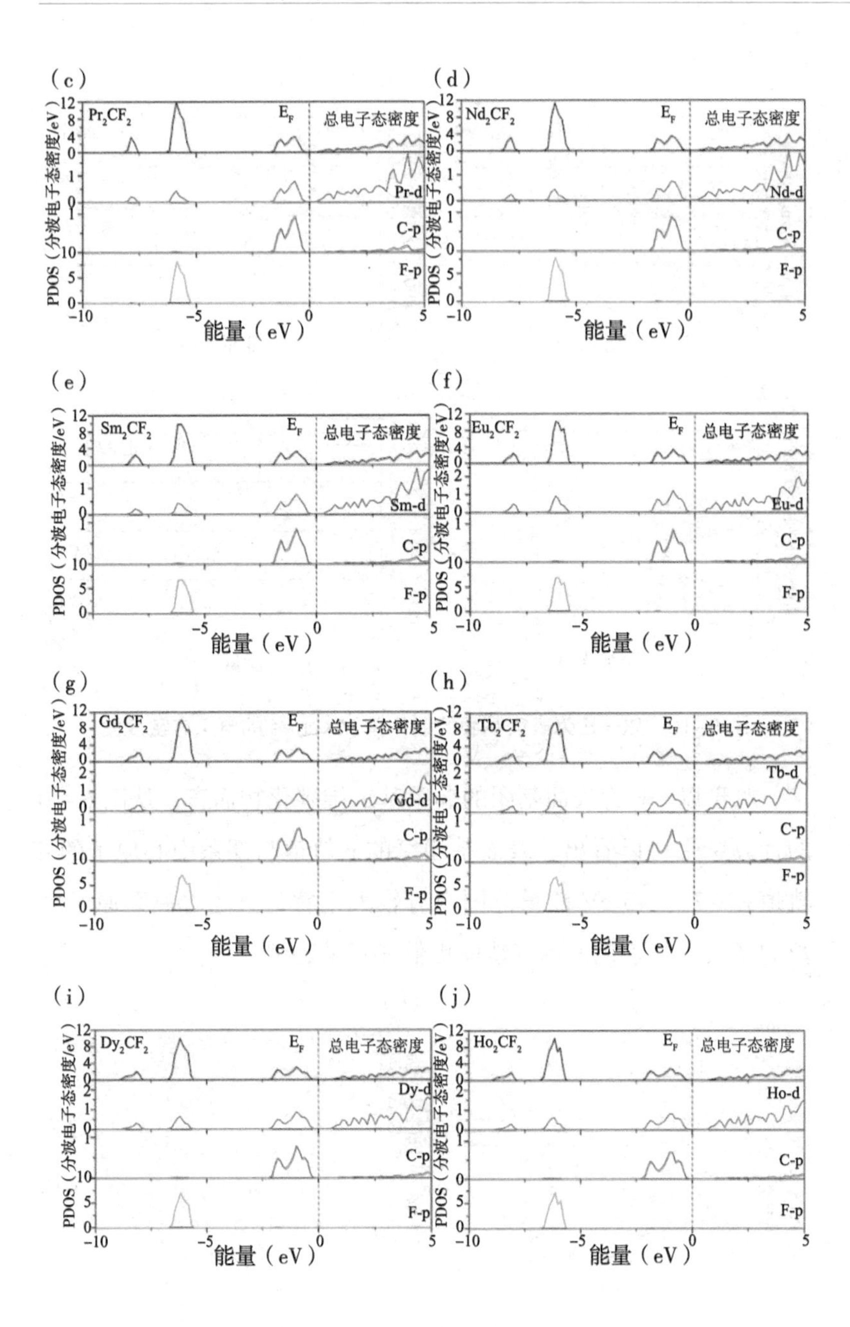
(c)
Pr₂CF₂
E_F
总电子态密度
Pr-d
C-p
F-p
PDOS（分波电子态密度/eV）
能量（eV）
(d)
Nd₂CF₂
Nd-d
(e)
Sm₂CF₂
Sm-d
(f)
Eu₂CF₂
Eu-d
(g)
Gd₂CF₂
Gd-d
(h)
Tb₂CF₂
Tb-d
(i)
Dy₂CF₂
Dy-d
(j)
Ho₂CF₂
Ho-d

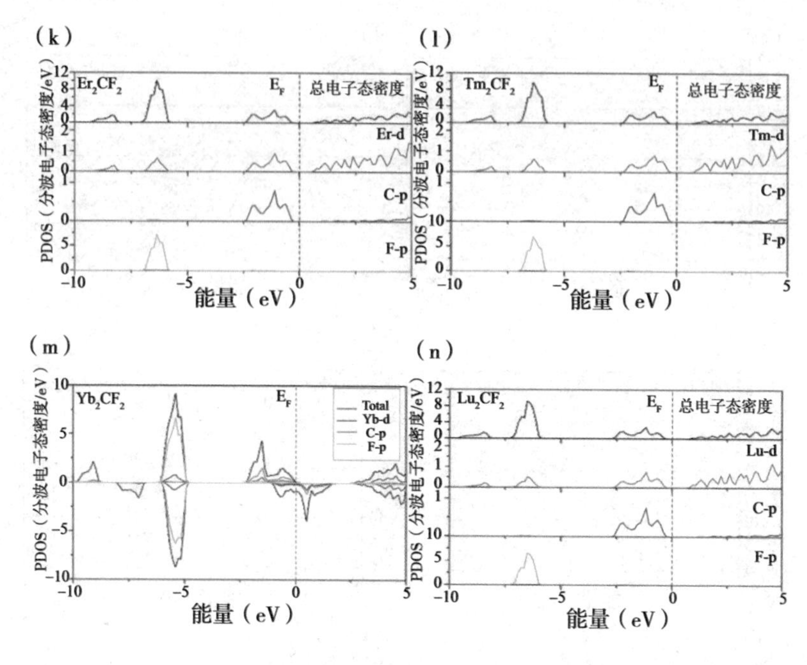

图 6-10　以—F 为表面基团的镧系基 MXenes 的电子态密度图

对于以—F 为表面基团的镧系基二维碳化物而言，从图 6-10 的计算结果可以看出，表面基团氟的 p 轨道与镧系中心原子的 d 轨道在 −7 ～ −5 eV 能量范围内有较大重叠，且随着镧系原子序数的增大，其杂化范围有转向更低能量的趋势。

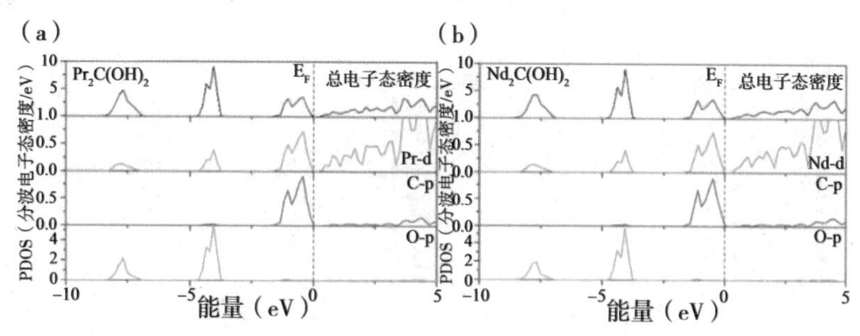

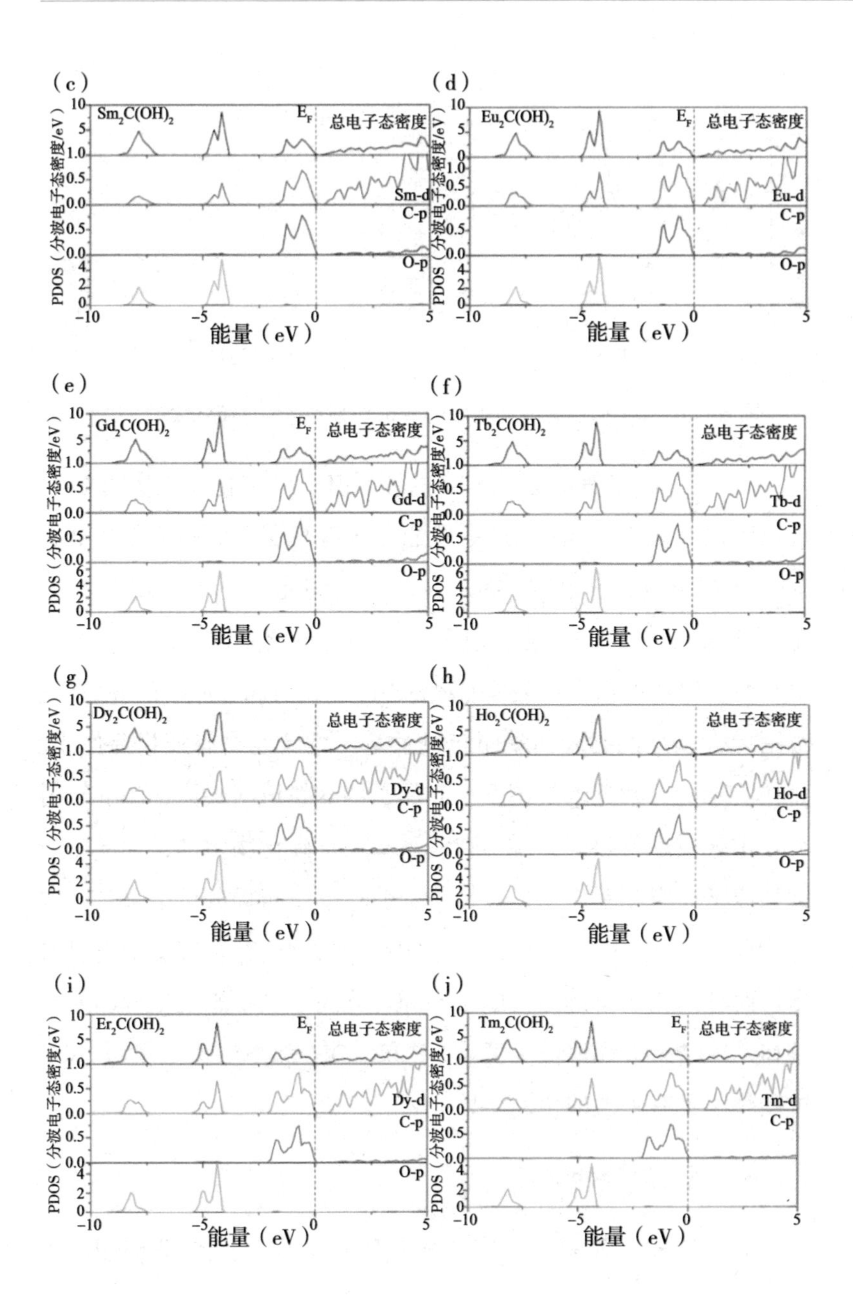
(c)
$Sm_2C(OH)_2$
E_F
总电子态密度
Sm-d
C-p
O-p
PDOS（分波电子态密度/eV）
能量（eV）
(d)
$Eu_2C(OH)_2$
E_F
总电子态密度
Eu-d
C-p
O-p
PDOS（分波电子态密度/eV）
能量（eV）
(e)
$Gd_2C(OH)_2$
E_F
总电子态密度
Gd-d
C-p
O-p
PDOS（分波电子态密度/eV）
能量（eV）
(f)
$Tb_2C(OH)_2$
总电子态密度
Tb-d
C-p
O-p
PDOS（分波电子态密度/eV）
能量（eV）
(g)
$Dy_2C(OH)_2$
总电子态密度
Dy-d
C-p
O-p
PDOS（分波电子态密度/eV）
能量（eV）
(h)
$Ho_2C(OH)_2$
总电子态密度
Ho-d
C-p
O-p
PDOS（分波电子态密度/eV）
能量（eV）
(i)
$Er_2C(OH)_2$
E_F
总电子态密度
Dy-d
C-p
O-p
PDOS（分波电子态密度/eV）
能量（eV）
(j)
$Tm_2C(OH)_2$
E_F
总电子态密度
Tm-d
C-p
PDOS（分波电子态密度/eV）
能量（eV）

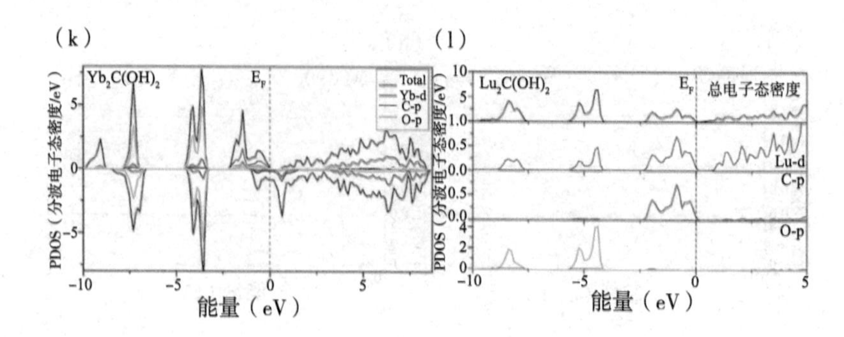

图 6-11　以—OH 为表面基团的镧系基 MXenes 的电子态密度图

而对于以—OH 为表面基团的镧系基二维碳化物，从图 6-11 可以看出，表面基团—OH 中氧的 p 轨道与镧系中心原子的 d 轨道分别在 –5 ～ –3 eV 和 –9 ～ –7 eV 能量范围内有明显重叠杂化，且在 –5 ～ –3 eV 能量范围的杂化更显著。同时，随着镧系中心原子序数的增大，表面基团—OH 中氧与镧系原子的 pd 杂化范围增大，这说明表面基团与镧系基二维碳化物有强相互作用。而在费米能级附近均是镧系中心原子的 d 轨道与碳原子的 p 轨道交互重叠贡献所致，这说明在镧系基二维碳化物内部，碳原子与镧系原子有强相互作用，该结果与前述电子布局分析结果是一致的。此外，从 Yb_2CF_2 和 $Yb_2C(OH)_2$ 的电子态密度图中可以看出，两种结构的自旋向上电子态和自旋向下电子态均呈现出明显偏移，该结果直观地证实了以—F 和—OH 为表面基团的 Yb 基二维碳化物具有磁性的预测结果。

6.3.5　其他性能

前面预测了镧系基二维碳化物的稳定性及电子结构等基本

信息，在研究中发现从 La_2CT_2（T=F，OH）到 Lu_2CT_2（T—F，OH）中，Yb_2CT_2（T=F，OH）表现出了与其他二维结构不同的半金属性，半金属性铁磁体由 He、Lyu 和 Nachtigall（2016）首次提出，它的基本特性来源于其电子结构：一个自旋通道具有金属性，而其他的自旋通道是绝缘的或半导体性的。因此，这种半金属结构可以提供单个自旋通道电子，同时，其自旋极化可以达到 100%。实际应用中，半金属体磁体（Half-metallic ferromagnet，HMF）除了具有较高的铁磁居里温度外，其半金属带隙也足够宽，这可以避免热源影响下发生自旋翻转，并在室温保持半金属特性。基于铁磁半导体的自旋电子器件，如磁传感器和非易失磁存储器，具有功耗低、操作速度快、存储密度高和数据保持力强等优良特性，且有望将存储和计算融为一体，在未来信息技术和量子计算等领域具有广阔的应用前景。因此，发展新型二维本征铁磁半导体对研制高性能超薄半导体自旋电子器件具有重要的意义。然而，大多数二维材料，包括石墨烯等，都不具有本征铁磁性。尽管可以通过磁原子掺杂和磁邻近效应等方法引入铁磁性，但在二维半导体中实现长程有序的自旋排列仍面临较大挑战。本节首先以 Yb_2CT_2（T=F，OH）为研究目标，探索其在磁性方面的本征参数。基于原胞计算，得到 Yb_2CF_2 的磁矩为 $1.99\mu_B$，其中 Yb 和 C 分别为 $0.218\mu_B$ 和 $0.819\mu_B$，$Yb_2C(OH)_2$ 的磁矩为 $2.01\mu_B$，其中 Yb 和 C 分别为 $0.223\mu_B$ 和 $0.829\mu_B$。为了进一步确认其铁磁和反铁磁，本节基于 $2\times1\times1$ 的超胞设计了三种不同结构，分别考虑 Yb 不同的自旋方向，模型如图 6-12 所示。

图 6-12 中，（a）和（e）分别是铁磁构型的俯视图和侧视图，（b）和（f）分别是反铁磁构型 1 的俯视图和侧视图，（c）和（g）分别是反铁磁构型 2 的俯视图和侧视图，（d）和（h）分别是反铁磁构型 3 的俯视图和侧视图。蓝色球代表 Yb 原子，灰色球代表表面基团 T，棕色球代表 C。蓝色 Yb 代表自旋向上电子态，粉色球代表自旋向下电子态。

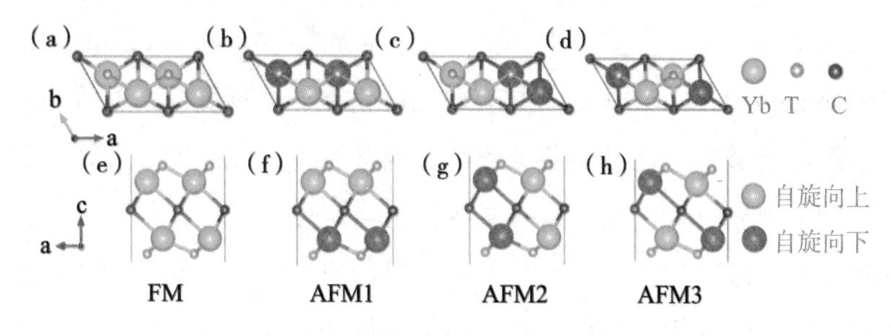

图 6-12　Yb-MXenes 铁磁和反铁磁构型

其次，本节分别计算了 Yb_2CT_2（T=F，OH）基于 2×1×1 超胞的铁磁和反铁磁构型的总能量，计算结果如表 6-9 所示。

表 6-9　Yb-MXenes 超胞铁磁和反铁磁构型的总能量

单位：eV

MXenes	铁磁	反铁磁 1 结构	反铁磁 2 结构	反铁磁 3 结构
Yb_2CF_2	−51.82	−51.64（Yb）	−51.64	−51.78
Yb_2CF_2	−51.82	−51.77（C）	—	—
Yb_2CF_2	−51.82	−51.78（YbC）	−51.78	−51.78
$Yb_2C(OH)_2$	−73.09	−72.79（Yb）	−72.80	−72.95

续　表

MXenes	铁磁	反铁磁 1 结构	反铁磁 2 结构	反铁磁 3 结构
$Yb_2C(OH)_2$	−73.09	−72.86（C）	—	—
$Yb_2C(OH)_2$	−73.09	−72.95（YbC）	−72.95	−72.95

从表 6–9 可以得知，无论是 Yb_2CF_2 还是 $Yb_2C(OH)_2$，均是铁磁结构的能量相对最低。在反铁磁构型中，第三种反铁磁构型相比于其他两种反铁磁构型的能量要低一些。对于 Yb_2CF_2，其稳定的铁磁构型比最稳定反铁磁构型的能量低 0.04 eV，而 $Yb_2C(OH)_2$ 的铁磁与稳定的反铁磁构型的能量差为 0.14 eV。根据 Castro 等（2009）与 Coleman 等（2011）的研究结果中能量差与居里温度之间相互关系公式

$$\frac{3}{2}k_BT_C=\Delta E/N \tag{6–2}$$

式中，K_B 为玻尔兹曼常数；T_c 为居里温度；ΔE 为铁磁构型与反铁磁构型之间的能量差；N 为铁磁性离子个数。

根据式（6–2）可以分别计算出 Yb_2CF_2 和 $Yb_2C(OH)_2$ 的居里温度为 77.3 K 和 270 K。此计算结果显示，Yb_2CF_2 和 $Yb_2C(OH)_2$ 的居里温度要高于 Hadi 等（2019）报道的有望应用于磁储存和自旋电子学领域的 CrI_3 的居里温度。

最后，本节还计算了镧系基二维碳化物 M_2CT_2（M=La、Ce、Pr、Nd、Sm、Eu、Gd、Tb、Dy、Ho、Er、Tm、Yb、Lu；T=F、OH）的功函数性能，功函数（Khazaei et al.,2015）对于电子和光电器件的设计是非常重要的指数之一。功函数的定义：把一个电子从固体内部刚刚移到此物体表面所需的最少的能量。那

么，如果一种材料的功函数较低，则意味着其在许多电子器件领域，如在发光二极管或场效应晶体管中可以提高效率。因此，本节计算了所研究的镧系基二维碳化物 M_2CT_2（M=La、Ce、Pr、Nd、Sm、Eu、Gd、Tb、Dy、Ho、Er、Tm、Yb、Lu；T=F、OH）的功函数，计算结果如图 6–13 所示。该计算方法经过 $Sc_2C(OH)_2$ 功函数计算测试，与 Khazaei 等（2015）的计算结果一致。

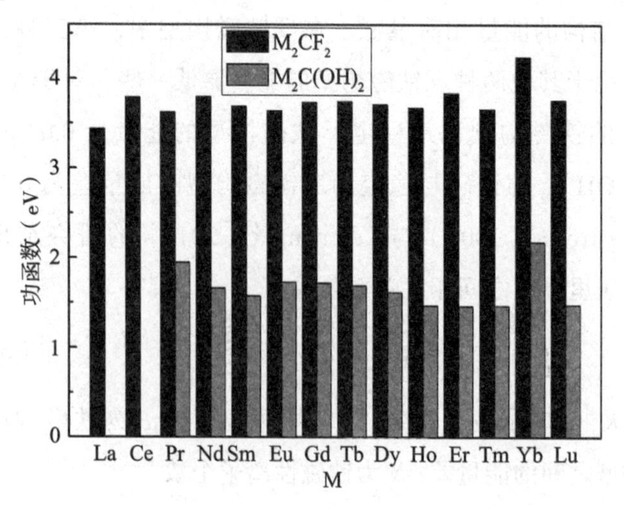

图 6–13　镧系基二维碳化物 M_2CT_2 功函数

从图 6–13 可以看出，以—OH 为表面基团的镧系基二维碳化物的功函数值小于以—F 为钝化官能团的。以—F 为表面基团的镧系基二维碳化物的功函数值在 3.43 ～ 4.24 eV 范围内，其中 La_2CF_2 的功函数最小值为 3.43 eV，Yb_2CF_2 的最大，为 4.24 eV。而以—OH 为钝化官能团的镧系基二维碳化物的功函数值在 1.46 ～ 2.17 eV 范围内，其中 $Tm_2C(OH)_2$ 的功函数值最小，为 1.46 eV，该值甚至小于目前报道具有最小功函数的材料。因此，这种以—OH为钝化官能团的镧系基二维碳化物有望在核能领域的电子器件中发挥一定的作用。

6.4 不冻结f电子时M_2CT_2的结构与性能

6.4.1 晶格动力学行为（声子）及本征稳定性

按照上小节的计算模型和方法，采用将4f轨道作为价层轨道，4f电子作为价电子的赝势。本节计算了镧系基二维碳化物的声子谱，以Pr_2CT_2、Ho_2CT_2、Lu_2CT_2（T=F、OH）为代表，Pr的4f电子数是3，Ho的4f电子数是11，Lu的4f电子数是14。如图6–14（a）所示，以—F为钝化官能团的镧系基二维碳化物Pr_2CF_2的晶格振动频率均为正实数，声子谱没有出现虚频，这说明所有以—F为表面基团的镧系基二维碳化物Pr_2CF_2构型在动力学上是稳定存在的。类似地，从图6–14（b）中可以看出，以—OH为钝化官能团的镧系基二维碳化物$Pr_2C(OH)_2$也是动力学稳定的。对比图6–14（a）和图6–14（b）可以发现，以—OH为钝化官能团的镧系基二维碳化物$Pr_2C(OH)_2$的声子频率值要远远大于以—F为表面基团的，这是由于相对质量较轻的—H元素的存在导致的，即质量越轻晶格振动频率越高。

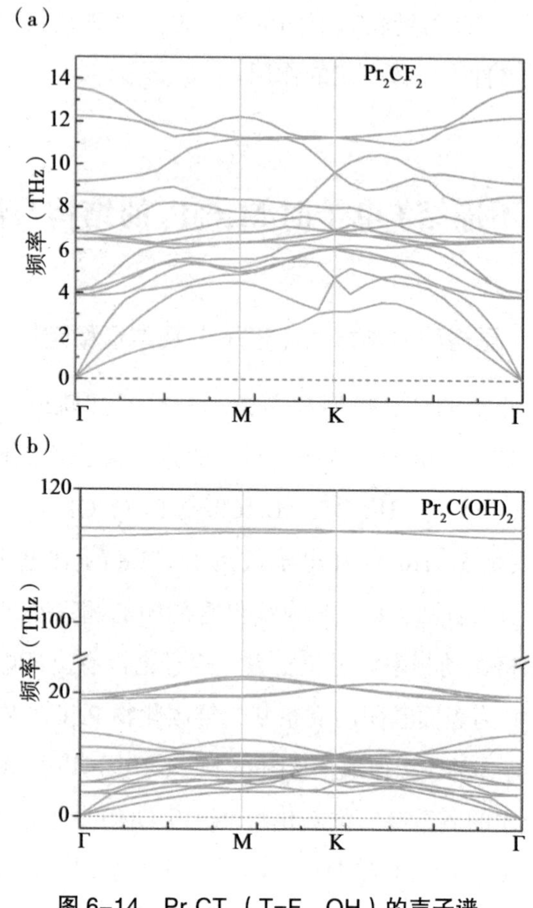

图 6–14　Pr_2CT_2(T=F、OH)的声子谱

此外，本节还计算了 Pr_2CT_2(T=F、OH)的吉布斯自由能、熵、生成焓随温度变化而变化的情况。在标准压力下，由稳定单质生成 1 mol 化合物时吉布斯自由能的变化值，称为该化合物的标准生成吉布斯自由能。利用吉布斯自由能既可以判断反应发生的自发性，还可以求热力学平衡常数，以判断是采用升温还是降温的方法促进反应进行。计算结果如图 6–15 所示。

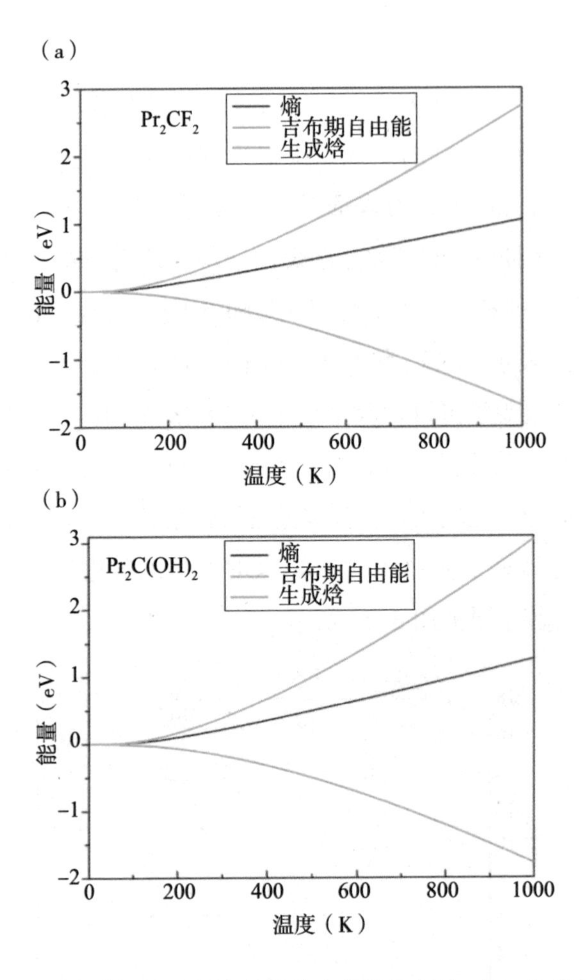

图 6-15　Pr_2CT_2（T=F、OH）结构的吉布斯自由能、熵、生成焓随温度变化而变化曲线

其中，红色实线表示以—F 和—OH 为钝化官能团的镨基二维碳化物的吉布斯自由能随温度变化而变化的曲线，第一性原理计算结果显示，Pr_2CF_2 和 $Pr_2C(OH)_2$ 的吉布斯自由能在所有温度范围内均为负数，并且两种结构的吉布斯自由能均随温度的升

高而降低。

计算 Pr_2CF_2 和 $Pr_2C(OH)_2$ 两种二维碳化物结构在零压下的热力学常数，得到的生成焓随温度的变化用黑实线表示，其反映了以—F 和—OH 为表面基团的镨基二维碳化物在零压下的生成焓随温度的升高而呈近线性增加，这也预示着这种二维 MXenes 结构材料的热力学稳定性是随着温度的升高而降低的。

绿色线表示 Pr_2CF_2 和 $Pr_2C(OH)_2$ 的熵随温度变化而变化的情况。通过观察可以发现，在 0 ～ 200 K 范围内，这两种结构的熵值变化趋势比较平缓，变化不大，200 K 之后，随温度的上升，增加的趋势比较明显，基本呈现线性增长。

本节还计算了 Ho_2CT_2（T=F、OH）二维碳化物结构的晶格振动谱，计算结果如图 6–16 所示。

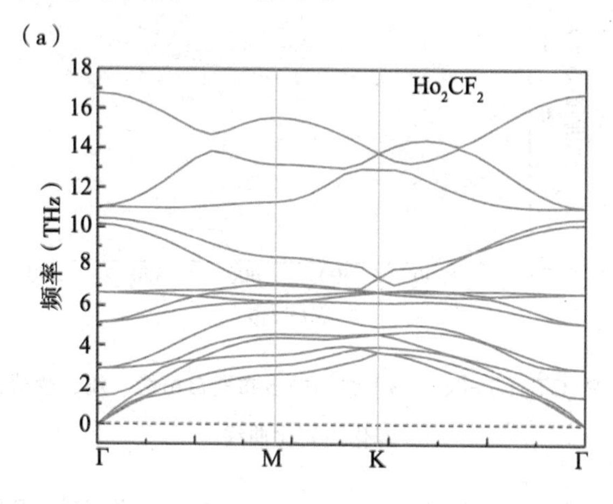

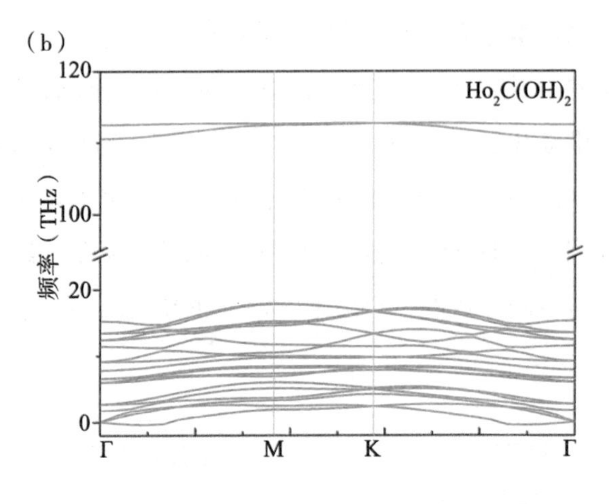

图 6-16　Ho_2CT_2（T=F、OH）的声子谱

从图 6-16（a）可以看出，以氟为表面基团的钬基二维碳化物 Ho_2CF_2 的声子频率均位于零点以上，没有虚频出现，这说明以—F 为功能化官能团的 Ho_2CF_2 是具有动力学稳定性。同时，以—OH 为功能化官能团的晶格振动谱结果如图 6-16（b）所示，从图中可以看到，以—OH 为表面基团的钬基二维碳化物 $Ho_2C(OH)_2$ 的声子频率在零点以下有一点儿虚频的存在，这可能是在进行结构弛豫过程中由于结构优化精度不够高导致的，因此这种小虚频可能会随着再一次的高精度优化构型而再次计算能量最低结构的晶格振动谱而消除，但也可能以—OH 为表面基团的钬基二维碳化物结构其本身就是不太稳定的构型。

随后，计算了 Lu_2CT_2（T=F、OH）二维结构的声子谱，如图 6-17 所示。从图 6-17 中可以看出，以—F 和—OH 为钝化官能团的镧系基二维碳化物 Lu_2CF_2 和 $Lu_2C(OH)_2$ 的晶格振动频率均为正实数，声子谱没有出现虚频，这说明以—F 和—OH 为钝化官能团的镧系基二维碳化物 Lu_2CF_2 和 $Lu_2C(OH)_2$ 构型在动力学上是稳定存在的。此外，对于同一种表面基团，不同种镧系基二维碳化物最大声子频率也不尽相同。对比 6–14（a）和 6–17（a）可以发现，Pr_2CF_2 和 Lu_2CF_2 的最大声子频率值分别为 13.53 THz 和 17.48 THz。这是由于在不同的镧系基二维碳化物中的成键强弱不同导致的，一般地，键强越高反映在声子谱中的频率值就越大。

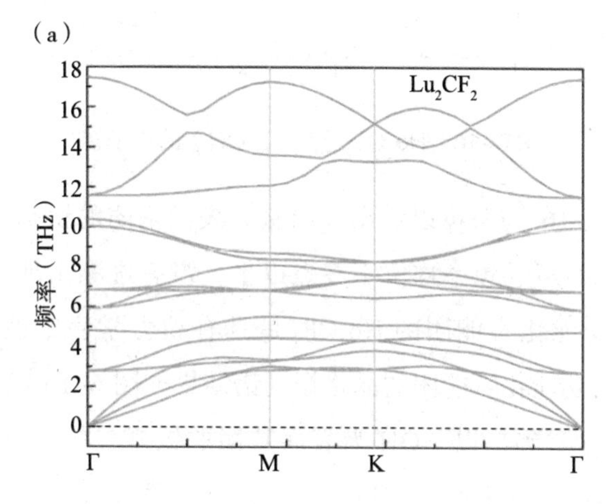

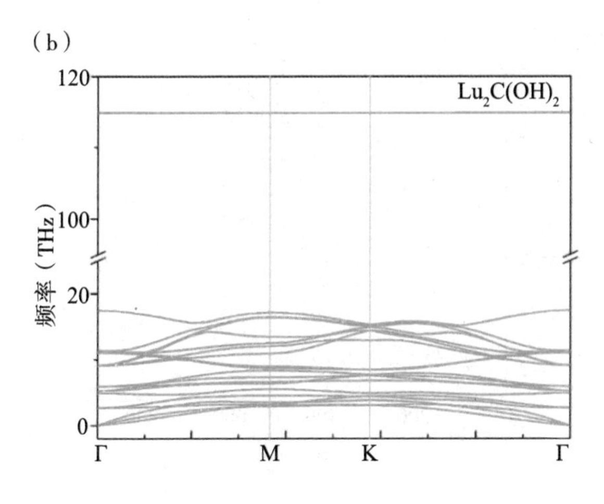

图 6-17　Lu_2CT_2（T=F、OH）的声子谱

计算 Lu_2CF_2 和 Lu_2C（OH）$_2$ 两种二维碳化物结构在零压下的热力学常数，得到的生成焓随温度的变化而变化的情况分别如图 6-18（a）和 6-18（b）中黑色实线所示，其反映了以—F 和—OH 为表面基团的镥基二维碳化物在零压下的生成焓随着温度的升高而呈近线性增加，这也预示着这种二维 MXenes 结构材料的热力学稳定性是随着温度的升高而降低的。

计算得到的 Lu_2CF_2 和 Lu_2C（OH）$_2$ 的熵随温度的变化而变化的情况分别如图 6-18（a）和图 6-18（b）中的绿色实线表示。通过观察可以发现，在 0 ～ 200 K 范围内，这两种结构的熵值变化趋势比较平缓，变化不大，200 K 之后，随温度的上升，增加的趋势比较明显，基本呈现线性增长。

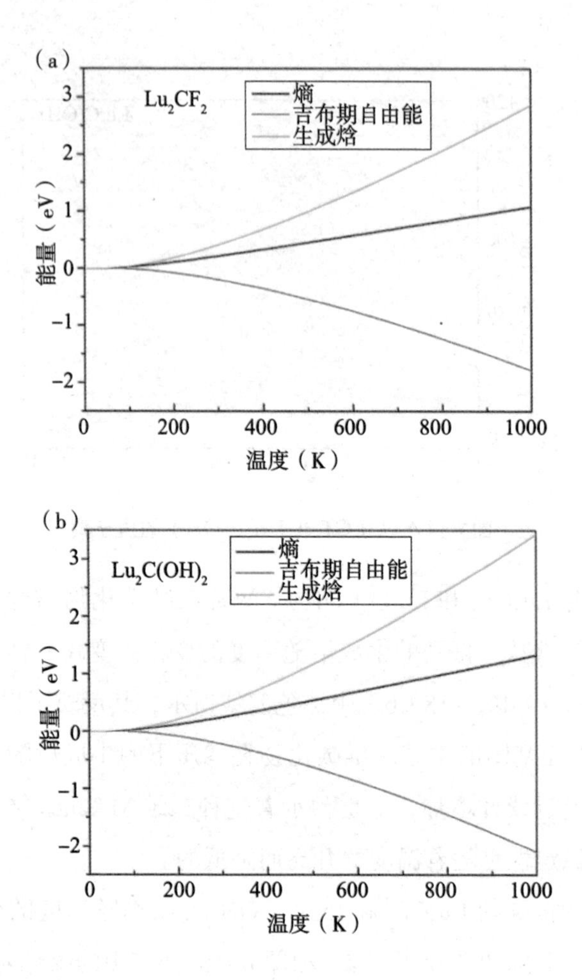

图 6-18　Lu_2CT_2（T=F、OH）结构的吉布斯自由能、熵、生成焓随温度变化曲线

综上，本节以镧系元素中的镨（$4f^3$）、钬（$4f^{11}$）和镥（$4f^{14}$）的二维碳化物为代表，计算了以—F 和—OH 为钝化官能团的 MXenes 结构，考察了这些结构的晶格动力学稳定性以及热力学稳定性。第一性原理计算结果显示，无论是 4f 轨道上有 3 个电

子态的镨，还是4f轨道上有11个电子态的钬，甚至是4f轨道上处于全充满状态的镥，只要将4f轨道作为价轨道，它们的二维碳化物在动力学和热力学上都是稳定的。

6.4.2 电子结构

在不冻结4f电子赝势条件下计算镧系基二维碳化物的构型，以—F为钝化官能团的镧系基二维碳化物结构优化结果如表6-10所示，将此结果与冻结4f电子赝势条件下结构优化结果对比可知，晶胞参数以及结构内部的键长基本与冻结4f电子赝势条件下计算的一致，其中晶胞参数 *a* 变化最大的是 Tb_2CF_2，由原来的3.63Å减小至3.41Å，镧系原子与碳原子之间的键长变化较大的是Tb–C，由原来的2.51Å减小为2.38Å，镧系原子与表面基团—F的键长变化不大。所有这些计算结构参数最大差异也均在6%以内。由此说明，本节所计算的不冻结4f电子时镧系基二维碳化物的结构与冻结4f电子时并没有发生显著变化。

表6-10 以—F为表面基团的镧系基二维碳化物的晶胞参数和键长

单位：Å

MXenes	*a*	键长	
		M–C	M—F
La_2CF_2	3.92	2.72	2.55
Ce_2CF_2	3.82	2.65	2.49
Pr_2CF_2	3.80	2.65	2.47

续 表

MXenes	a	键长	
		M–C	M—F
Nd_2CF_2	3.83	2.68	2.47
Sm_2CF_2	3.83	2.70	2.44
Eu_2CF_2	3.84	2.70	2.44
Gd_2CF_2	3.66	2.53	2.42
Tb_2CF_2	3.41	2.38	2.34
Dy_2CF_2	3.50	2.43	2.37
Ho_2CF_2	3.55	2.46	2.36
Er_2CF_2	3.55	2.46	2.35
Tm_2CF_2	3.55	2.49	2.33
Yb_2CF_2	3.52	2.50	2.32
Lu_2CF_2	3.53	2.43	2.39

下面，本节计算了所有以—F 和—OH 为表面基团的镧系基二维碳化物在不冻结 4f 电子条件下的电子能带，计算结果如图 6-19 所示。

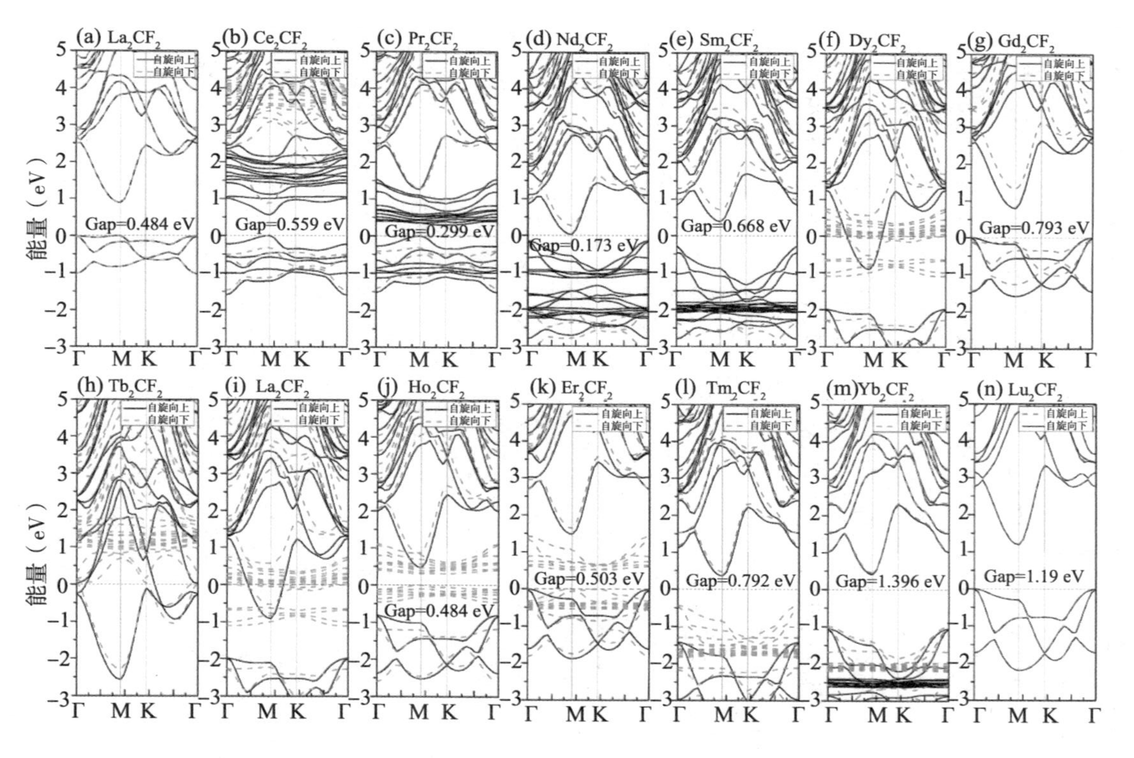

图 6-19　镧系基二维碳化物 M_2CF_2 的能带图（费米能级位于 0 eV）

如图 6–19 所示，所有以—F 为钝化官能团的镧系基二维碳化物的能带结构随着 4f 电子的变化也发生了变化。其中，La_2CF_2 和 Lu_2CF_2 为没有磁性的半导体，间接带隙值分别为 0.882 eV 和 1.19 eV；而 Ce_2CF_2 和 Pr_2CF_2 为带有磁性的半导体结构，直接带隙值分别为 0.559 eV 和 0.299 eV；Ho_2CF_2 为带有磁性的半导体结构，直接带隙值为 0.300 eV；Nd_2CF_2、Sm_2CF_2、Gd_2CF_2、Er_2CF_2、Tm_2CF_2 和 Yb_2CF_2 均呈现出带有磁性的半导体性，间接带隙值分别为 0.173 eV、0.668 eV、0.793 eV、0.503 eV、0.792 eV、1.396 eV。

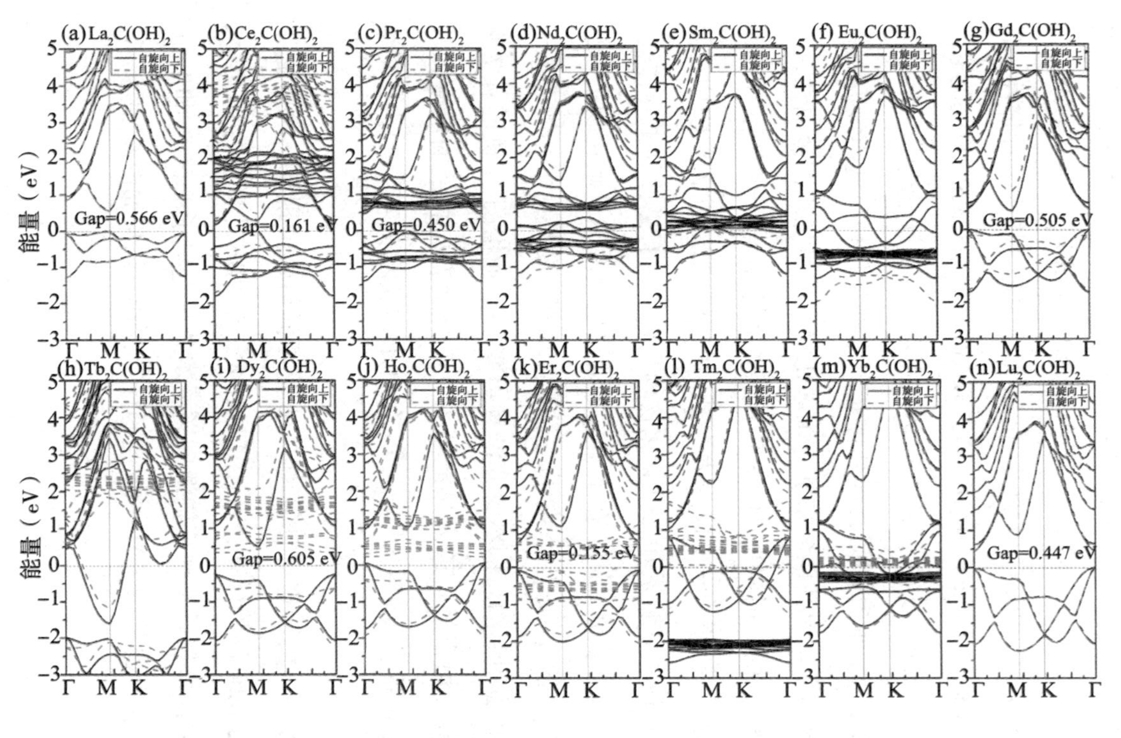

图6-20　镧系基二维碳化物 $M_2C(OH)_2$ 的能带图（费米能级位于0 eV）

类似地，如图 6-20 所示，所有以—OH 为钝化光能团的镧系基二维碳化物的能带结构随着 4f 电子的变化也发生了变化。其中，$La_2C(OH)_2$、$Ce_2C(OH)_2$、$Pr_2C(OH)_2$、$Gd_2C(OH)_2$、$Dy_2C(OH)_2$、$Er_2C(OH)_2$ 和 $Lu_2C(OH)_2$ 均为半导体性，带隙值分别为 0.566 eV、0.161 eV、0.450 eV、0.505 eV、0.605 eV、0.155 eV 和 0.447 eV。从上述结果可以看到，无论是以—F 还是以—OH 为表面基团时，镧和镥基二维碳化物均呈现出没有磁性的半导体性，而其他镧系基二维碳化物有的呈现磁性金属性，有的呈现磁性半导体性，而在本书前面冻结 4f 电子条件下计算结果显示，以—F 和—OH 为表面基团的镧系基二维碳化物中，除 Yb 外其他所有镧系基二维碳化物均呈现出没有磁性的半导体性。对比结果并分析可知，在本节计算的这些镧系二维碳化物中自旋向上电子态与自旋向下电子态不重合现象主要是由中心镧系原子的 4f 轨道引起的。镧本身并没有 4f 轨道，而镥的 4f 轨道有 7 个子轨道，每个子轨道内只能填入 2 个自旋方向相反的电子，故 f 轨道全部填满时共可填入 14 个电子，表示为 $4f^{14}$ 处于全充满状态。

此外，由于理论计算中 PBE 泛函低估带隙现象，本节做了基于 HSE06 泛函计算，其计算量较大，是 PBE 计算量的 10 倍多，考虑到计算量以及计算资源问题，本节只选取了 Lu_2CF_2 和 $Lu_2C(OH)_2$ 两个结构做了 HSE06 泛函计算，计算结果如图 6-21 所示。

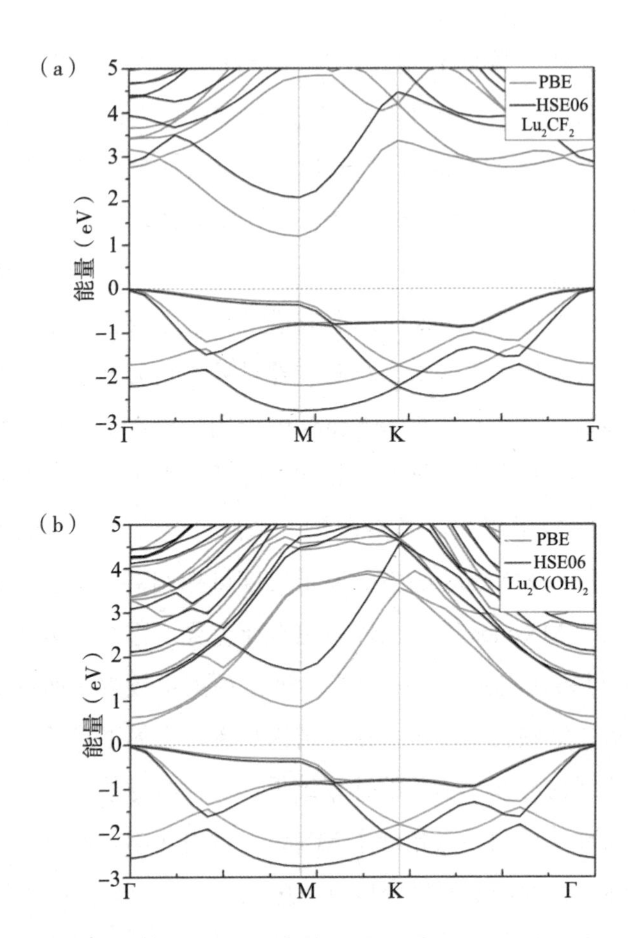

图 6–21　基于 HSE06 和 PBE 泛函计算的 Lu_2CT_2（T=F、OH）的电子能带结构（费米能级位于 0 eV）

根据基于 HSE06 泛函计算的 Lu_2CT_2（T=F、OH）的电子能带结构结果可以看到，HSE06 泛函计算明显打开了半导体 Lu_2CF_2 和 $Lu_2C(OH)_2$ 的带隙。从图 6–21（a）中可以看到，基于 PBE 泛函计算的 Lu_2CF_2 带隙值为 1.19 eV，经过 HSE06 泛函修正后其带隙值扩大至 2.07 eV，该带隙值接近最新半导体的预测值 2.2 eV，因此有望在半导体器件中发挥一定作用。类似地，从图 6–21（b）中可以看到，以—OH 为表面基团的镥基二维碳化物半导体的带隙经过 HSE06 修正后，带隙值由 0.447 eV 增大至 1.28 eV，该带隙较适合在半导体器件以及光催化等领域中应用。

前面提到过 MXenes 应用研究进展目前主要集中于储能、电磁屏蔽及吸附传感等领域。尽管在器件领域也开展了一些初步探索，但多数是基于金属型 MXenes 的应用，对本征半导体特性及磁性 MXenes 的合成、物性及其在柔性透明电子、光电及自旋器件等领域的应用研究还是空白。由于前过渡金属丰富的外层电子结构特征和 MXenes 晶格的原子尺度可控调谐等特点，不同结构及组成的 MXenes 的本征性质也有所差异。迄今，本征磁性的 MXenes 材料在实验上尚未合成，理论预测也较少，而本书计算的镧系基二维碳化物使 MXenes 结构从传统金属型过渡到了半导体及磁性结构。基于本节的计算结果，磁性半导体性的镧系基二维碳化物理论预测不仅拓展了 MXenes 材料化学，而且有望在下一代高性能柔性透明器件领域有所应用。

为了进一步研究镧系基二维碳化物结构中的成键信息，本节还以镧系周期中的镨（$4f^3$）和镥（$4f^{14}$）的二维碳化物为代表，分别计算了以—F 和—OH 为钝化官能团的 MXenes 结构的电子态密度图，计算结果如图 6–22 和图 6–23 所示。其中，图 6–22（a）为 Pr_2CF_2 结构的电子态密度图，图中分别给出了二维结构 Pr_2CF_2 的总电子态密度以及各个原子的主要分轨道电子态密度。根据图分析可知，在 –18.0 ～ –15.0 eV 能量范围内，主要是 Pr

的 p 轨道贡献；表面基团—F 的 p 轨道与镧系原子 Pr 的 d 轨道，在 –6.0 ~ –5.0 eV 能量范围内有轨道重叠，即 pd 杂化成键；在能量为 –1.2 eV 至费米能级处，主要贡献来源于碳的 p 轨道和镨的 f、d 轨道，碳的 p 轨道与镨的 f、d 轨道有明显相互重叠，这说明镧系原子与碳有较强的相互作用，并且在成键过程中镧系中心原子的 4f 电子发挥了一定作用。

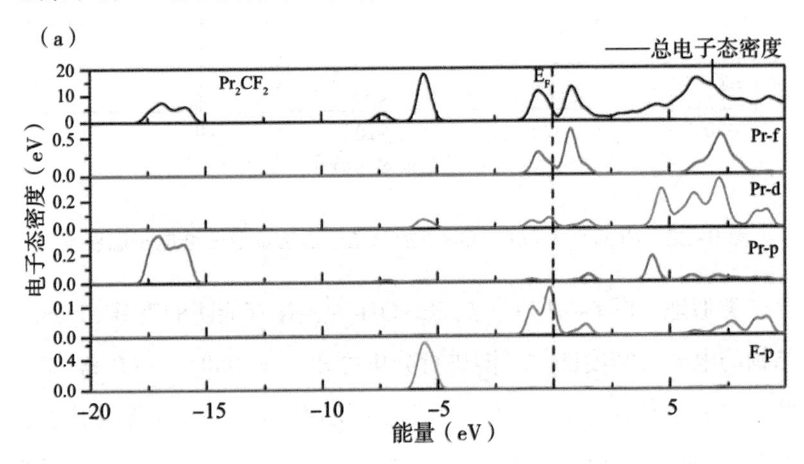

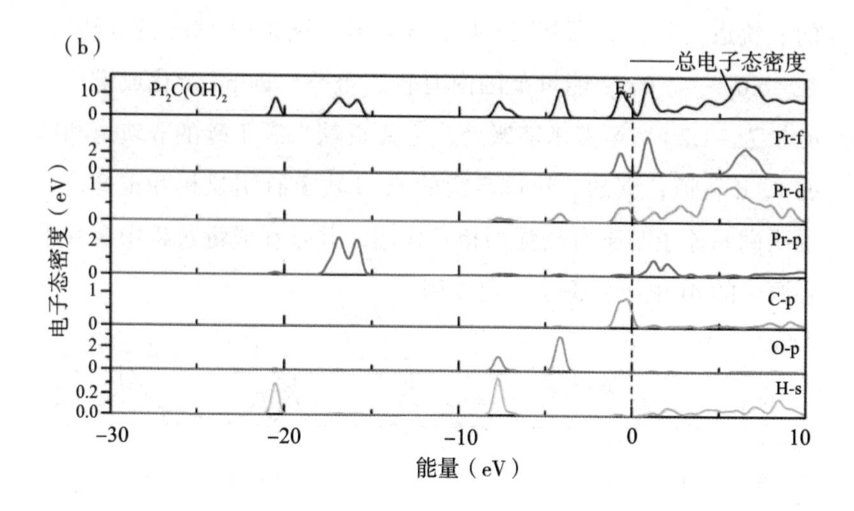

图 6–22　Pr_2CT_2（T=F、OH）的总电子态密度及分波电子态密度

类似地，图 6–22（b）是以—OH 为钝化官能团的镨基 MXenes 结构的电子态密度图。对图进行分析可知，在 –8.0 ～ –7.0 eV 能量范围内，主要是氧的 p 轨道与氢的 s 轨道重叠，即 sp 杂化形成表面基团—OH 的相互作用，而在 –5.0 ～ –4.0 eV 能量范围内，氧的 p 轨道与镨的 d 轨道有一定重叠，表明 $Pr_2C(OH)_2$ 二维碳化物中的镧系中心原子镨与表面基团有明显的成键特征；在 –2.0 eV 至费米能级能量范围内，碳的 p 轨道与镨的 f、d 轨道有明显的轨道重叠，表明镧系原子镨与碳有较强的相互作用。该计算结果与前面研究镧系基二维碳化物稳定性结果一致，同时与报道过渡金属二维碳化物的计算结果是吻合的。

为了探究 4f 轨道的贡献，在研究了 Pr_2CT_2（T=F、OH）之后，本节基于第一性原理计算了 Lu_2CT_2（T=F、OH）结构的电子态密度信息，计算结果如图 6–23 所示。从图中可以看到，Lu_2CF_2

和 $Lu_2C(OH)_2$ 的电子态密度信息与 Pr_2CF_2 和 $Pr_2C(OH)_2$ 的电子态密度信息的区别是镥原子的 4f 轨道，即随着 4f 轨道上电子的增多，4f 轨道变得更局域化了。其中，无论是以—F 还是以—OH 为表面基团，镧系基二维碳化物中心原子镥的 4f 轨道与表面基团的 p 轨道在 –5 ～ –4 eV 能量范围内有重叠，而在 –2.5 eV 至费米能级能量范围内均为碳的 p 轨道与镥的 d 轨道贡献，进而形成较强的 Lu–C 键，该结果与前面所述的在冻结 4f 电子条件下的计算结果一致，这是由于镥的 4f 轨道处于全充满状态，作用在 4f 电子的有效核电荷增大，从而使 4f 电子更加局域。

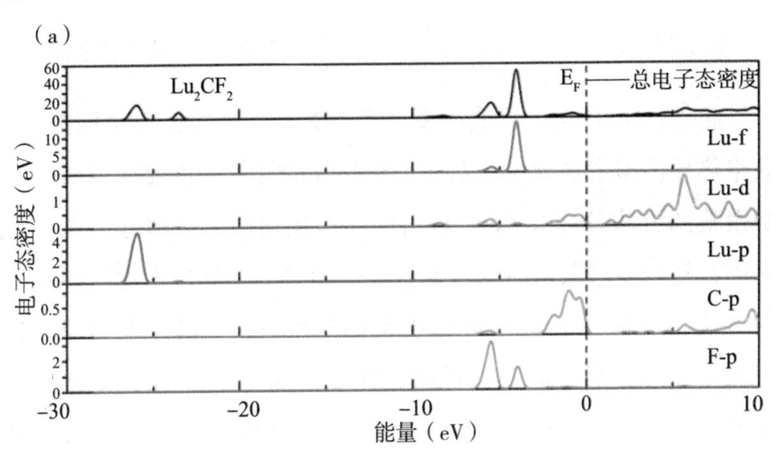

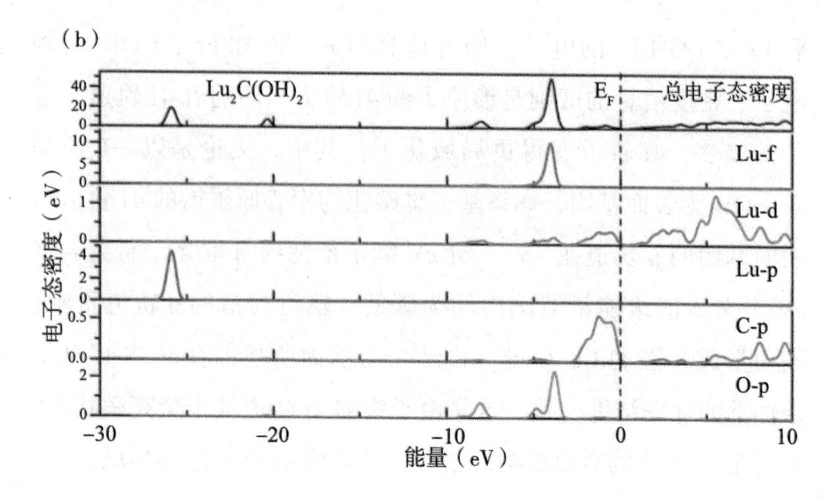

图 6–23　Lu_2CT_2（T=F、OH）的总电子态密度及分波电子态密度

此外，本书也在尝试计算镧系 MXenes 半导体体系的热导，晶格热导占据主导地位。对于晶格热导的计算，需要通过密度泛函微扰的方法计算 MXene 材料的晶格振动谱，该部分工作已经完成，然后通过散射时间近似计算晶格热导。利用密度泛函微扰的方法计算晶格振动谱可利用 VASP+Phonopy 软件来实现。获得晶格振动谱后，需要自行编写程序，进而计算 MXene 体系的晶格热导。电子热导是根据计算得到的电导值和维德曼 – 夫兰兹（Wedman—Franze）定理求得对应温度下的电子热导。两者结合方能描述镧系 MXenes 半导体的本征热导性能。

6.5 镥基半导体 MXenes 载流子迁移率的研究

基于前述优化后的结构和计算得到的能带结构，本节分别计算了 Lu_2CF_2 和 $Lu_2C(OH)_2$ MXenes 的载流子迁移率。载流子迁移率的研究是基于 Lu_2CF_2 和 $Lu_2C(OH)_2$ MXenes 结构的正交晶胞模型［图 6–24（a）］的 deformation potential（DP）理论，Lu_2CT_2（T=F,OH）MXenes 载流子（电子、空穴）迁移率的计算公式（Qiao et al, 2014；Fei and Li, 2014）为

$$\mu_{2D} = \frac{e\hbar^3 C_{2D}}{k_B T m_e^* m_d (E_1^i)^2} \tag{6-4}$$

式中，$\hbar$为狄拉克常熟；k_B为玻尔兹曼常数；m_e^*为传输方向上的载流子有效质量；m_d为沿着 X 方向和 Y 方向载流子的有效平均质量；E_1^i为势能形变常数；C_{2D}为表征传输方向上的弹性模量。

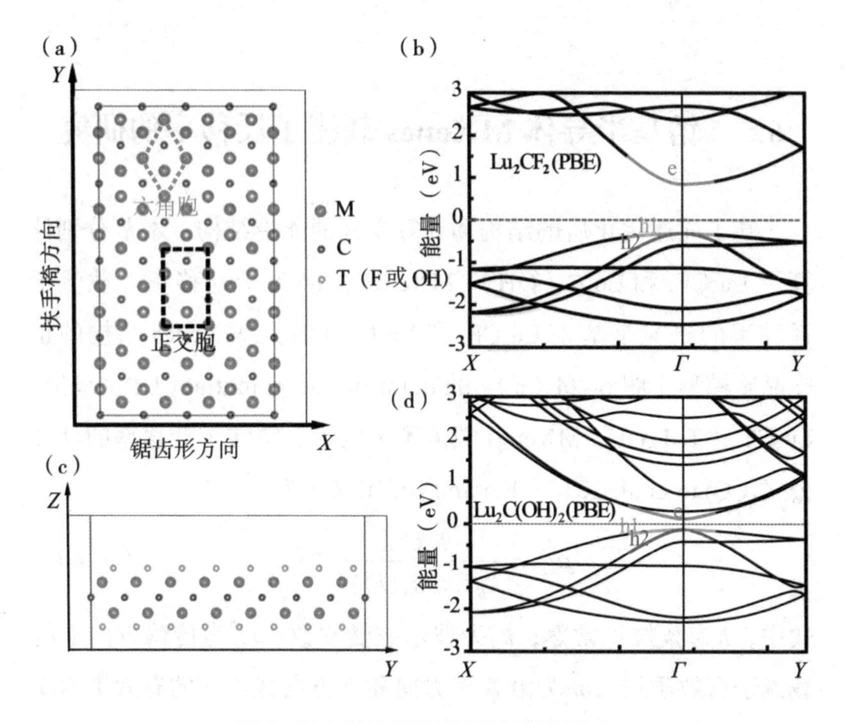

图 6-24 载流子迁移率计算示意图

注：（a）、（c）分别是 Lu_2CF_2 和 $Lu_2C(OH)_2$ 的俯视图和侧视图，（b）、（d）分别是 Lu_2CF_2 和 $Lu_2C(OH)_2$ 基于正交晶胞的能带图。

图 6-24（a）中红色虚线标出的是六角胞的计算模型，黑色虚线标出的是正交胞的计算模型，而图 6-24（b）和图 6-24（d）则是基于正交胞计算出的能带示意图，在价带顶处分别用黄色和蓝色区分出两条分支带。

根据前述计算模型及计算公式，本节将 MXenes Lu_2CT_2（T=F、OH）两种二维半导体材料的载流子迁移率以及沿不同方向上所需计算物理量等计算结果列于表 6-11 中。

表 6-11　Lu_2CT_2（T = F、OH）MXenes 载流子迁移率的计算结果

MXenes	载流子类型	m^*_x（m_0）	m^*_y（m_0）	E_x（eV）	E_y（eV）	C_x（J/m^2）	C_y（J/m^2）	μ_x（$10^3 cm^2/V \cdot s$）	μ_y（$10^3 cm^2/V \cdot s$）
Lu_2CF_2	e	0.197	1.10	5.65	5.60	154	155	1.12	0.206
	h1	3.06	3.75	4.68	−1.78	154	155	0.0144	0.0811
	h2	0.332	0.348	5.00	−2.11	154	155	1.17	6.29
$Lu_2C(OH)_2$	e	0.280	0.231	−0.696	−0.507	154	154	95.1	217.1
	h1	2.55	2.69	−6.374	0.182	154	154	0.0121	14.01
	h2	0.185	0.163	−6.374	−6.307	154	154	2.51	2.91

计算结果与 Zha 等（2016）报道的 Sc 基 MXenes 等有类似之处，从表 6–11 的计算结果可知，这两种镥基 MXenes 二维材料的载流子迁移率都呈现各向异性。其中，Lu_2CF_2 材料的电子迁移率［图 6–24（b）中红色线所标］表现出高各向异性，沿 x 方向的电子迁移率为 1.12×10^3 $cm^2/V\cdot s$，沿 y 方向的电子迁移率为 0.206×10^3 $cm^2/V\cdot s$。同时，Lu_2CF_2 材料的空穴迁移率 $h1$ 和 $h2$［图 6–24（b）中黄色和蓝色线所标］分别为 0.0478×10^3 $cm^2/V\cdot s$ 和 3.73×10^3 $cm^2/V\cdot s$。此外，相比于 Lu_2CF_2 MXenes 而言，$Lu_2C(OH)_2$ 材料的计算结果显示其沿 x 方向和沿 y 方向的电子迁移率分别为 95.19×10^3 和 217.1×10^3 $cm^2/V\cdot s$, 该结果明显比 Lu_2CF_2 的电子迁移率大得多，且与之前的 Sc_2CT_2(T=F、OH) MXene 报道一致。

为了进一步探究不同表面基团的镥基 MXenes 载流子迁移率的差异性来源，本节还分别计算了 Lu_2CF_2 和 $Lu_2C(OH)_2$ MXenes 在导带底和价带顶的电子态密度分布，结果如图 6–25 所示。从图 6–25（a）和图 6–25（c）可以看出，$Lu_2C(OH)_2$ MXenes 的导带底处的贡献是由位于边位的氢原子所提供，呈现非定域性，并且电子云不会随单轴应变的变化而明显改变，这就导致 $Lu_2C(OH)_2$ MXenes 有较小的形变势，进而有较高的载流子迁移率。相比之下，图 6–25(a) 中 Lu_2CF_2 MXenes 在 CBM(导带底) 处的电子波函数图呈现出更加明显的局域性，因此其形变势会随单轴应变的变化而产生较大改变量，因而该结构的载流子迁移率相对较低。

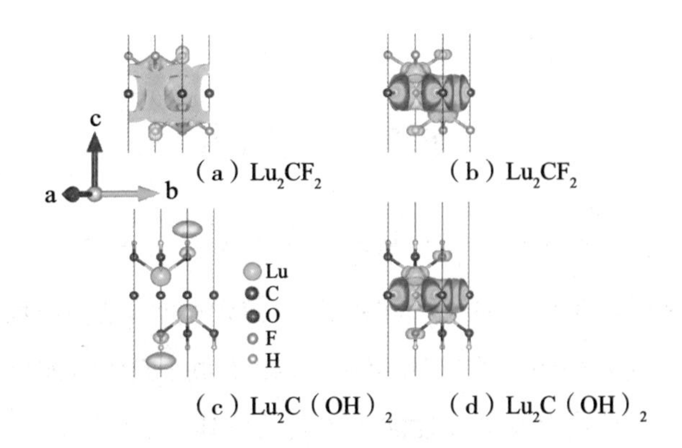

图 6-25　Lu_2CF_2 和 $Lu_2C(OH)_2$ MXenes 中导带底和价带顶的电子波函数图

综上所述，本节所研究的 $Lu_2C(OH)_2$ MXenes 有着较高的载流子迁移率，沿 x 方向和沿 y 方向的电子迁移率分别为 95.19×10^3 和 217.1×10^3 cm²/V·s，比常见的石墨烯、磷烯以及最近报道的镧基二维半导体材料的载流子迁移率要高，甚至高于 Zha 等（2016）研究成果中的 Ti_2CO_2 和 Hf_2CO_2。此外，$Lu_2C(OH)_2$ MXene 还有较低的功函数（该结果在前面章节有所讨论，此处不再赘述）。基于其较高的载流子迁移率和较低的功函数，$Lu_2C(OH)_2$ MXene 有望成为纳米电子器件的备选材料。同时，本书所研究的镧系基二维半导体材料也拓展了二维纳米材料化学，壮大了“MXenes 家族”。

6.6 本章小结

本章主要采用第一性原理方法在冻结4f电子和不冻结4f电子两种赝势条件下研究了镧系基二维碳化物的结构与性能，分别计算了其表面不带官能团和带有以—F和—OH为钝化官能团结构的电子结构以及其他性能。主要结论如下。

（1）表面没有钝化官能团的镧系基二维碳化物M_2C（M=La、Ce、Pr、Nd、Sm、Eu、Gd、Tb、Dy、Ho、Er、Tm、Yb、Lu）的结构是动力学稳定的。

（2）在设计的六种不同二维碳化物构型中，以—F和—OH为表面基团的镧系基二维碳化物的结构均以第二种（以碳为中心对称的构型）构型最为稳定。

（3）在冻结4f电子条件下，大部分以—F和—OH为表面基团的镧系基二维碳化物MXenes为半导体性质；而Yb_2CF_2和$Yb_2C(OH)_2$MXenes为半金属性，且具有较高的自旋极化率，其居里温度分别为77.3 K和270 K；以—OH为表面基团的镧系基二维碳化物功函数较低，在1.46～2.17 eV范围内。

（4）在不冻结4f电子条件下，镧系基二维碳化物以Pr_2CT_2和Lu_2CT_2（T=F、OH）为代表在动力学上是稳定的。

（5）在不冻结4f电子条件下，以—F为功能化官能团的大部分镧系基二维碳化物呈半导体性，随着4f电子的变化，La_2CF_2和Lu_2CF_2为没有磁性的半导体，间接带隙值分别为0.882 eV和1.19 eV；而Ce_2CF_2和Pr_2CF_2为带有磁性的半导体结构，直接带隙值分别为 0.559 eV 和 0.299 eV；Ho_2CF_2 为带有磁性的半导体结构，直接带隙值为 0.300 eV；Nd_2CF_2、Sm_2CF_2、Gd_2CF_2、Er_2CF_2、Tm_2CF_2 和 Yb_2CF_2 均呈现出带有磁性的半导体性，间接带隙值分别为 0.173 eV、0.668 eV、0.793 eV、0.503 eV、0.792 eV、1.396 eV；而以—OH 为表面基团的镧系基二维碳化物中，$La_2C(OH)_2$、$Ce_2C(OH)_2$、$Pr_2C(OH)_2$、$Gd_2C(OH)_2$、$Dy_2C(OH)_2$、$Er_2C(OH)_2$ 和 $Lu_2C(OH)_2$ 为半导体性，带隙值分别为 0.566 eV、0.161 eV、0.450 eV、0.505 eV、0.605 eV、0.155 eV 和 0.447 eV。此外，以 Pr_2CT_2 和 Lu_2CT_2（T=F、OH）为代表，电子态密度计算结果显示 4f 轨道电子在形成镧系基二维碳化物成键中有一定作用。

（6）$Lu_2C(OH)_2$ MXenes 有着较高的载流子迁移率，沿 x 方向和沿 y 方向的电子迁移率分别为 95.19×10^3 $cm^2/V\cdot s$ 和 217.1×10^3 $cm^2/V\cdot s$。

参考文献

[1] CHU S， MAJUMDAR A. Opportunities and challenges for a sustainable energy future[J]. Nature，2012(7411)：294–303.

[2] ARUNACHALAM V S， FLEISCHER E L. Harnessing materials for energy[J]. MRS Bulletin，2008，33(4)：261.

[3] ZINKLE S J， WAS G S. Materials challenges in nuclear energy[J]. Acta materialia，2013，61(3)：735–758.

[4] HILL D J. Nuclear energy for the future[J]. Nature materials 2008，7(9)：680–682.

[5] ANDERSSON D A， UBERUAGA B P， NERIKAR P V， et al. U and Xe transport in $UO_{2\pm x}$： density functional theory calculations[J]. Physical review B，2011，84(5)：2989–2996.

[6] USOV I O， DICKERSON R M， DICKERSON P O，

et al. Uranium dioxide films with xenon filled bubbles for fission gas behavior studies[J]. Journal of nuclear materials, 2014, 452（1/3）: 173–177.

[7] ZINKLE S J, TERRANI K A, GEHIN J C, et al. Accident tolerant fuels for LWRs: a perspective[J]. Journal of nuclear materials: materials aspects of fission and fusion, 2014, 448（1/3）: 374–379.

[8] FARMER M T, LEIBOWITZ L, TERRANI K A, et al. Scoping assessments of ATF impact on late–stage accident progression including molten core–concrete interaction[J]. Journal of nuclear materials: materials aspects of fission and fusion, 2014, 448（1/3）: 534–540.

[9] OTT L J, ROBB K R, WANG D. Preliminary assessment of accident–tolerant fuels on LWR performance during normal operation and under DB and BDB accident conditions[J]. Journal of nuclear materials: materials aspects of fission and fusion, 2014, 448（1/3）: 520–533.

[10] MASAKI K. Research and Development Methodology for practical use of accident tolerant fuel in light water reactors[J]. Nuclear engineering and technology: an international of the korean nuclear scoeity, 2016, 48（1）: 26–32.

[11] YE Q Z. Safety and effective developing nuclear power to

realize green and low-carbondevelopment[J]. Advances in climate change research, 2016, 7（Z1）: 10–16.

[12] ALEKSEEV S V , VYBYVANETS V I , GONTAR, A S, et al. Promising fuel materials for thermionic nuclear power installations[J]. Atomic energy, 2014, 115（6）: 391–401.

[13] ANDERSSON D A, LIU X Y, BEELER B, et al. Density functional theory calculations of self- and Xe diffusion in U_3Si_2[J]. Journal of nuclear materials, 2019, 515: 312–325.

[14] BARSOUM M W. The $M_{N+1}AX_N$ Phases: a new class of solids: thermodynamically stable nanolaminates[J]. Progress in solid state chemistry, 2000, 28（1/4）: 201–281.

[15] NOWOTNY V H. Strukturchemie einiger verbindungen der übergangsmetalle mit den elementen C, Si, Ge, Sn Prog[J]. Progress in solid state chemistry, 1971, 5（71）: 27–70.

[16] SCHUSTER J C, NOWOTNY H. Investigations of the ternary systems（Zr, Hf, Nb, Ta）–Al–C and studies on complex carbides[J]. Zeitschrift fuer metallkande, 1980, 71: 341–346.

[17] PALMQUIST J P, Li S, Persson P O, et al. $M_{n+1}AX_n$

phases in the Ti–Si–C system studied by thin–film synthesis and ab initio calculations[J]. Physics research section B, 2004, 70: 1654.

[18] DEYSHER G, SHUCK C E, HANTANASIRISAKUL K, et al. Synthesis of Mo_4VAlC_4 MAX phase and two-dimensional Mo_4VC_4 MXene with 5 atomic layers of transition metals[J]. ACS nano, 2020, 14(1), 204–217.

[19] HANTANASIRISAKUL K, GOGOTSI Y. Electronic and Optical Properties of 2D Transition MetalCarbides and Nitrides (MXenes)[J]. Advanced materials, 2018, 30(52): 1804779.

[20] SOKOL M, NATU V, KOTA S, et al. On the chemical diversity of the MAX phases [J]. Trends in chemistry, 2019, 1(2): 210–223.

[21] LIU Z M, WU E D, WANG J M, et al. Crystal structure and formation mechanism of $(Cr_{2/3}Ti_{1/3})_3AlC_2$ MAX phase[J]. Acta materialia, 2014, 73: 186–193.

[22] ZHOU Y C, HE L F, LIN Z J, et al. Synthesis and structure–property relationships of a new family of layered carbides in Zr–Al(Si)–C and Hf–Al(Si)–C systems[J]. Journal of the European ceramic society, 2013, 33(15/16): 2831–2865.

[23] MESHKIAN R， TAO Q Z， DAHLQVIST M， et al. Theoretical stability and materials synthesis of a chemically ordered MAX phase， Mo_2ScAlC_2， and its two-dimensional derivate Mo_2ScC_2 MXene[J]. Acta materialia，2017， 125：476–480.

[24] DAHLQVIST M， LU J， MESHKIAN R， et al. Prediction and synthesis of a family of atomic laminate phases with Kagomé–like and in–plane chemical ordering[J]. Science advances， 2017， 3（7）：e1700642.

[25] LU J， THORE A， MESHKIAN R， et al. Theoretical and experimental exploration of a novel in–plane chemically–ordered （$Cr_{2/3}M_{1/3}$）$_2$AlC i–MAX phase with M=Sc and Y[J]. Crystal growth & design， 2017， 17（11）：5704–5711.

[26] LI M， LU J， LUO K， et al. Element replacement approach by reaction with Lewis acidic molten salts to synthesize nanolaminated MAX phases and MXenes[J]. Journal of the American chemical society，2019，141（11）：4730–4737

[27] 周洁 . 新型锆 / 铪 / 钪系二维碳化物的合成、微观结构与性能研究 [D]. 北京：中国科学院大学，2017.

[28] ARYAL S， SAKIDJA R， BARSOUM M W， et al. A genomic approach to the stability， elastic， and electronic

properties of the MAX phases[J]. Physica status solidi B, 2014, 251（8）: 1480–1497.

[29] TALLMAN D J, ANASORI B, BARSOUM M W.A critical review of the oxidation of Ti_2AlC, Ti_3AlC_2 and Cr_2AlC in air[J]. Materials research letters, 2013, 1（3）: 115–125.

[30] JIN S X, GUO L P, LUO F F, et al. Ion irradiation-induced precipitation of $Cr_{23}C_6$ at dislocation loops in austenitic steel[J]. Scripta materialia, 2013, 68（2）: 138–141.

[31] SENCER B H, GARNER F A, GELLES D S, et al. Microstructural evolution in modified 9Cr–1Mo ferritic/martensitic steel irradiated with mixed high-energy proton and neutron spectra at low temperatures[J]. Journal of nuclear materials, 2002, 307（1）: 266–271.

[32] TRINKAUS H, SINGH B N. Helium accumulation in metals during irradiation–where do we stand ? [J]. Journal of nuclear materials, 2003, 323（2/3）: 229–242.

[33] HOFFMAN E N, VINSON D, SINDELAR, et al. MAX phase carbides and nitrides: properties for future nuclear power plant in-core applications and neutron transmutation analysis[J]. Nuclear engineering and design, 2012, 244: 17–24.

[34] NAPPÉ J C, GROSSEAU P, AUDUBERT F, et al. Damages induced by heavy ions in titanium silicon carbide: Effects of nuclear and electronic interactions at room temperature[J]. Journal of nuclear materials, 2009, 385 (2): 304–307.

[35] AUDREN A, BENYAGOUB A, THOMÉ L, et al. Ion implantation of Cs into silicon carbide: damage production and diffusion behaviour[J]. Nuclear inst & methods in physics research B: beam interactions with materials and atoms, 2007, 257 (1/2): 227–230.

[36] SUN Z M. Progress in research and development on MAX phases: a family of layered ternary compounds[J]. International materials reviews, 2011, 56 (3): 143–166.

[37] LIU X M, LE FLEM M, BÉCHADE J L, et al. Nanoindentation investigation of heavy ion irradiated $Ti_3(Si, Al)C_2$[J]. Journal of nuclear materials, 2010, 401 (1/3): 149–153.

[38] NAPPÉ J C, MAURICE C, GROSSEAU P H, et al. Microstructural changes induced by low energy heavy ion irradiation in titanium silicon carbide[J]. Journal of the European ceramic society, 2011, 31 (8): 1503–1511.

[39] NAPPÉ J C, MONNET I, GROSSEAU P H, et al.

Structural changes induced by heavy ion irradiation in titanium silicon carbide[J]. Journal of nuclear materials, 2011, 409（1）: 53–61.

[40] NAPPÉ J C, MONNET I, AUDUBERT F, et al. Formation of nanosized hills on Ti_3SiC_2 oxide layer irradiated with swift heavy ions[J]. Nuclear instruments and methods in physics research B: beam interactions with materials and atoms, 2012, 270: 36–43.

[41] WHITTLE K R, BLACKFORD M G, AUGHTERSON R D, et al. Radiation tolerance of $M_{n+1}AX_n$ phases, Ti_3AlC_2 and Ti_3SiC_2[J]. Acta materialia, 2010, 58（13）: 4362–4368.

[42] LUMPKIN G R, SMITH K L, BLACKFORD M G, et al. Ion irradiation of ternary pyrochlore oxides[J]. Chemistry of materials, 2009, 21（13）: 2746–2754.

[43] YANG T F, WANG C X, LIU W L, et al. Formation of nano-twinned structure in Ti_3AlC_2 induced by ion-irradiation[J]. Acta materialia, 2017, 128: 1–11.

[44] XIAO J R, WANG C X, YANG T F, et al. Theoretical investigation on helium incorporation in Ti_3AlC_2[J]. Nuclear instruments and methods in physics research section B: beam interactions with materials and atoms, 2013, 304(1): 27–31.

［45］XU Y G， BAI X J， ZHA X H， et al. New insight into the helium–induced damage in MAX phase Ti_3AlC_2 by first–principles studies[J]. The Journal of chemical physics，2015， 143（11）： 114707.
［46］MIDDLEBURGH S C， LUMPKIN G R， RILEY D. Accommodation， accumulation， and migration of defects in $Ti_3SiC_2$and Ti_3AlC_2 MAX phases[J]. Journal of the American ceramic society， 2013，96（10）：3196–3201.
［47］GEIM A K， NOVOSELOV K S. The rise of graphene[J]. Nature materials， 2007， 6（3）： 183–191.
［48］ZHANG H. Ultrathin Two–dimensional nanomaterials[J]. ACS nano， 2015， 9（10）： 9451–9469.
［49］NETO A H C， GUINEA F， PERES N M R， et al. The electronic properties of graphene[J]. Reviews modern physics， 2009， 81（1）： 109–162.
［50］COLEMAN J N， LOTYA M， O' NEILL A， et al. Two–dimensional nanosheets produced by liquid exfoliation of layered materials[J]. Science， 2011， 331（6017）： 568–571.
［51］BALANDIN A A， GHOSH S， BAO W D， et al. Superior thermal conductivity of single–layer graphene[J]. Nano letters， 2008， 8（3）： 902–907.
［52］NOVOSELOV K S， GEIM A K， MOROZOV S V，

et al. Electric field effect in atomically thin carbon films[J]. Science，2004，306（5696）：666–669.

[53] CI L J，SONG L，JIN C H，et al. Atomic layers of hybridized boron nitride and graphene domains[J]. Nature materials，2010，9（5）：430–435.

[54] BUTLER S Z，HOLLEN S M，CAO L Y，et al. Progress，challenges，and opportunities in two–dimensional materials beyond graphene[J]. ACS nano，2013，7（4）：2898–2926.

[55] MA R Z，SASAKI T. Nanosheets of oxides and hydroxides：ultimate 2D charge–bearing functional crystallites[J]. Advanced materials，2010，22（45）：5082–5104.

[56] MA R Z，SASAKI T. Two–dimensional oxide and hydroxide nanosheets：controllable high–quality exfoliation，molecular assembly，and exploration of functionality[J]. Accounts of chemical research，2015，48（1）：136–143.

[57] ZHANG J，CHEN Y，WANG X. Two–dimensional covalent carbon nitride nanosheets：synthesis，functionalization，and applications[J]. Energy and environmental science，2015，8（11）：3092–3108.

[58] NAGUIB M，GOGOTSI Y. Synthesis of two–dimensional

materials by selective extraction[J].Accounts of chemical research， 2015， 48（1）： 128–135.

[59] NIU J， WANG D， QIN H， et al. Novel polymer-free iridescent lamellar hydrogel for two-dimensional confined growth of ultrathin gold membranes[J]. Nature communications， 2014， 5：3313.

[60] RODENAS T， LUZ I， PRIETO G， et al. Metal-organic framework nanosheets in polymer composite materials for gas separation[J].Nature materials， 2015， 14（1）： 48-55.

[61] COLSON J W， WOLL A R， MUKHERJEE A， et al. Oriented 2D covalent organic framework thin films on single-layer graphene[J]. Science， 2011， 332（6026）： 228–231.

[62] KISSEL P， MURRAY D J， WULFTANGE W J， et al. A nanoporous two-dimensional polymer by single-crystal-to-single-crystal photopolymerization[J]. Nature chemistry， 2014， 6（9）： 774–778.

[63] ESWARAIAH V， ZENG Q， LONG Y， et al. Black phosphorus nanosheets： synthesis，characterization and applications[J]. Small， 2016， 12（26）： 3480–3502.

[64] TAO L， CINQUANTA E， CHIAPPE D， et al. Silicene field-effect transistors operating at room temperature[J].

Nature nanotechnology, 2015, 10 (3): 227–231.

[65] ARES P, AGUILAR–GALINDO F, RODRÍGUEZ–SAN–MIGUEL D, et al. Mechanical isolation of highly stable antimonene under ambient conditions[J]. Advcanced materials, 2016, 28 (30): 6332–6336.

[66] NAIR R R, BLAKE P, GRIGORENKO A N, et al. Fine structure constant defines visual transparency of graphene[J]. Science, 2008, 320 (5881): 1308.

[67] AKINWANDE D, PETRONE N, HONE J. Two–dimensional flexible nanoelectronics[J]. Nature communications, 2014, 5: 5678.

[68] TAN C L, LIU Z D, HUANG W, et al. Non–volatile resistive memory devices based on solution–processed ultrathin two–dimensional nanomaterials[J]. Chemical society review, 2015, 44 (9): 2615–2628.

[69] ABANIN D A, LEVITOV L S. Quantized transport in graphene p–n junctions in a magnetic field[J]. Science, 2007, 317 (5838): 641–643.

[70] FIORI G, BONACCORSO F, IANNACCONE G, et al. Electronics based on two–dimensional materials[J]. Nature nanotechnology, 2014, 9 (10): 768–779.

[71] CHHOWALLA M, JENA D, ZHANG H. Two–Dimensional semiconductors for transistors[J]. Nature review

materials， 2016， 1（11）：16052.

[72] LI L K， YU Y J， YE G J， et al. Black phosphorus field-effect transistors[J]. Nature nanotechnology， 2014， 9（5）： 372-377.

[73] CAHANGIROV S， TOPSAKAL M， AKTÜRK E， et al. Two- and one-dimensional honeycomb structures of silicon and germanium[J]. Physical review letters，2009，102(23): 236804.

[74] YANG J H， ZHANG Y Y， YIN W J， et al. Two-dimensional SiS layers with promising electronic and optoelectronic properties： theoretical prediction[J]. Nano letters， 2016， 16（2）：1110-1117.

[75] FENG B J， SUGINO O， LIU R Y， et al. Dirac fermions in borophene[J]. Physical review letters， 2017， 118（9）： 096401.

[76] MA F X， JIAO Y L， GAO G P， et al. Graphene-like two-dimensional ionic boron with double dirac cones at ambient condition[J]. Nano letters， 2016， 16（5）： 3022-3028.

[77] JIAO Y L， MA F X， BELL P J， et al. Two dimensional boron hydride sheets： high stability， massless dirac fermions， and excellent mechanical properties[J]. Angewandte chemie international edition， 2016， 55(35)：

10292–10295.

[78] LIU S，CUI T J，ZHANG L，et al. Convolution operations on coding metasurface to reach flexible and continuous controls of terahertz beams[J]. Advanced science，2016，3（10）：1600156.

[79] CAO T，LI Z L，LOUIE S G. Tunable magnetism and half–metallicity in hole–doped monolayer gaSe[J]. Physical review letters，2015，114（23）：236602.

[80] NAGUIB M，KURTOGLU M，PRESSER V，et al. Two–dimensional nanocrystals produced by exfoliation of Ti_3AlC_2[J]. Advanced materials，2011，23（37）：4248–4253.

[81] LUKATSKAYA M R，GHIDIU M，MASHTALIR O，et al.Cation intercalation and high volumetric capacitance of two–dimensional titanium carbide[J]Science，2013，341(6153)：1502–1505.

[82] YANG J，BAO W，JAUMAUX，P，et al. MXene–based composites：synthesis and applications in rechargeable batteries and supercapacitors[J]. Advanced materials interfaces，2019，6（8）：1802004.

[83] ZHENG S H，LI Z L，WU Z S，et al. High packing density unidirectional arrays of vertically aligned graphene with enhanced areal capacitancefor high–power micro–

supercapacitors[J]. ACS nano， 2017， 11（4）：4009-4016.

[84] SHAHZAD F， ALHABEB M， HATTER C B， et al. Electromagnetic interference shielding with 2D transition metal carbides（MXenes）[J]. Science，2016，353（6304）：1137-1140.

[85] ZHOU X， HU X Z， YU J， et al. 2D layered material based van der waals heterostructures for optoelectronics[J]. Advanced functional materials， 2018， 28（14）：1706587.

[86] KIM S J， KOH H J， REN C E， et al. Metallic $Ti_3C_2T_x$ MXene gas sensors with ultrahigh signal-to-noise ratio[J]. Acs nano， 2018， 12（2）：986-993.

[87] PENG Q M， GUO J X， ZHANG Q R， et al. Unique lead adsorption behavior of activated hydroxyl group in two-dimensional titanium carbide[J]. Journal of the american chemical society， 2014， 136（11）：4113-4116.

[88] MA T Y， CAO J L， JARONIEC M， et al. Interacting carbon nitride and titanium carbide nanosheets for high-performance oxygen evolution[J]. Angewandte chemie international edition， 2015， 128（3）：1150-1154.

[89] WANG L， YUAN L Y， CHEN K， et al. Loading actinides in multilayered structures for nuclear waste

treatment： the first case study of uranium capture with vanadium carbide MXene[J]. ACS Applied materials and interfaces， 2016， 8（25）： 16396–16403.

[90] WANG L， TAO W Q， YUAN L Y， et al. Rational control of the interlayer space inside two-dimensional titanium carbides for highly efficient uranium removal and imprisonment[J]. Chemical communications.2017，53（89）: 12084–12087.

[91] ZHANG Y J， ZHOU Z J， LAN J H， et al. Theoretical insights into the uranyl adsorption behavior on vanadium carbide MXene[J].Applied surface science，2017，426（31）: 572–578.

[92] LEVINE I N. Quantum chemistry[M]. New York： Prentice Hall Press， 2000.

[93] NOGUEZ C， BEITIA C， PREYSS W， et al. Theoretical and experimental optical spectroscopy study of hydrogen adsorption at Si（111）-（7×7）[J]. Physical review letters， 1996， 76（26）： 4923–4926.

[94] BORN M， OPPENHEIMER J. Zur quanten theorie der molekeln[J]. Annals of physics， 1927， 84（20）： 457–484.

[95] HARTREE D R .The wave mechanics of an atom with a non-coulomb central field. part I. theory and methods[J].

Mathematical proceedings of the cambridge philosophical society，1928，24（1）：89–110.

[96] FOCK V. Approximation method for the solution of the quantum mechanical multibody problems[J].Zeitschrift fur physik，1930，61：126–148.

[97] KOHN W，BECKE A D，PARR R G. Density functional theory of electronic structure[J]. Journal of physical chemistry，1996，100（31）：12974–12980.

[98] CEPERLEY D M，ALDER B J. Ground state of the electron gas by a stochastic method[J]. Physical review letters，1980，45（7）：566–569.

[99] PERDEW J P，BURKE K，ERNZERHOF M. Generalized gradient approximation made simple[J]. Physical review letters，1996，77（18）：3865–3868.

[100] PERDEW J P，CHEVARY J A，VOSKO S H，et al. Atoms，molecules，solids，and surfaces–applications of the generalized gradient approximation for exchange and correlation[J]. Physical review B，1992，46（11）：6671.

[101] KOHN W，SHAM L J. Self–consistent equations including exchange and correlation effects[J]. Physical review，1965，140（4A）：1133–1138.

[102] KRESSE G，FURTHMULLER J. Efficient iterative

schemes for ab initio total-energy calculations using aplane-wave basis set[J]. Physical review B，1996，54（16）：11169-11186.

[103] DAVID VANDERBILT. Soft self-consistent pseudopotentials in a generalized eigenvalue formalism[J]. Physical review B，1990，41（11）：7892-7895.

[104] KRESSE G，JOUBERT D. From ultrasoft pseudopotentials to the projector augmented-wave method[J]. Physical review B，1999，59（3）：1758.

[105] BLÖCHL P E. Projector augmented-wave method[J]. Physical review B，1994，50（24）：17953.

[106] CLAK S J，SEGALL M D，RICKARD C J，et al. First principles methods using CASTEP[J]. Zeitschrift für kristallographie，2005，220（5/6）：567-570.

[107] WOON D E，DUNNING T H. Gaussian basis sets for use in correlated molecular calculations. Ⅲ. The atoms aluminum through argon[J]. The journal of chemical physics，1993，98（2）：1358-1371.

[108] SEGALL M D，LINDAN P J D，PROBERT M J，et al. First-principles simulation：ideas，illustrations and the CASTEP code[J]. Journal of physics：condensed matter，2002，14（11）：2717-2744.

[109] KOO Y H，YANG J H，PARK J Y，et al. KAERI’s

development of LWR accident–tolerant fuel[J]. Nuclear technology， 2014， 186（2）： 295–304.

［110］ STEMPIEN J D， CARPENTER D M， KOHSE G， et al. Characteristics of composite silicon carbide fuel cladding after irradiation under simulated PWR conditions[J]. Nuclear technology， 2013， 183（1）： 13–29.

［111］ CARMACK J， GOLDNER F， BRAGG–SITTONS， et al. Overview of the US DOE accident tolerant fuel development program[J]. sitton. 2013， 2013： 15–19.

［112］ KIM H G， YANG J H， KIM W J， et al. Development status of accident–tolerant fuel for light water reactors in korea[J]. Nuclear engineering and technology， 2016， 48（1）： 1–15.

［113］ ZHOU J， ZHA X H， CHEN F Y， et al. A two-dimensional zirconium carbide by selective etching of Al_3C_3 from nanolaminated $Zr_3Al_3C_5$[J]. Angewandte chemie， 2016， 55（16）： 5008–5013.

［114］ BARSOUM M W， RADOVIC M. Elastic and mechanical properties of the MAX phases[J]. Annual review of materials research， 2011， 41： 195–227.

［115］ ZHOU J， ZHA X H， ZHOU X B， et al. Synthesis and electrochemical properties of two–dimensional hafnium carbide[J]. ACS nano， 2017， 11（4）： 3841-3850.

［116］ ZHA X H， ZHOU J， LUO K， et al. Controllable magnitude and anisotropy of the electrical conductivity of $Hf_3C_2O_2$ MXene[J]. Journal of physics： condensed matter， 2017， 29（16）： 165701.

［117］ ZHA X H， ZHOU J， ZHOU Y H， et al. Promising electron mobility and high thermal conductivity in Sc_2CT_2（T=F， OH）MXenes[J]. Nanoscale， 2016， 8（11）： 6110-6117.

［118］ LAPAUW T， HALIM J， LU J， et al. Synthesis of the novel Zr_3AlC_2 MAX phase[J]. Journal of the European ceramic society， 2016， 36（3）： 943-947.

［119］ LAPAUW T， LAMBRINOU K， CABIOC' T， et al. Synthesis of the new MAX phase Zr_2AlC[J]. Journal of the European ceramic society， 2016， 36（8）： 1847-1853.

［120］ LAPAUW T， TUNCA B， CABIOC' H T， et al. Synthesis of MAX phases in the Hf-Al-C system[J]. Inorganic chemistry， 2016， 55（21）： 10922-10927.

［121］ NOWOTNY V H. Strukturchemie einiger verbindungen der ü bergangsmetalle mit den elementen C， Si， Ge， Sn[J]. Progress in solid state chemistry， 1971， 5： 27-

70.

[122] ZHANG L, QI Q, SHI L Q, et al. Damage tolerance of Ti_3SiC_2 to high energy iodine irradiation[J]. Applied surface science, 2012, 258 (17): 6281–6287.

[123] TALLMAN D J, HOFFMAN E N, CASPI E N, et al. Effect of neutron irradiation on select MAX phases[J]. Acta materialia, 2011, 109 (1): 580–583.

[124] LUO K, ZHA X H, HUANG Q, et al. Theoretical investigations on helium trapping in the Zr/Ti_2AlC interface[J]. Surface and coatings technology, 2017, 322: 19–24.

[125] MOMMA K, IZUMI F. VESTA3 for three-dimensional visualization of crystal, volumetric and morphology data[J]. Journal of applied crystallography, 2011, 44(6): 1272–1276.

[126] GONZE X, LEE C. Dynamical matrices, Born effective charges, dielectric permittivity tensors, and interatomic force constants from density-functional perturbation theory[J]. Physical review B, 1997, 55 (16): 10355–10368.

[127] TOGO A, OBA F, TANAKA I. First-principles calculations of the ferroelastic transition between rutile-type and $CaCl_2$-type SiO_2 at high pressures[J]. Physical

review B， 2008， 78： 134106.

［128］ GESING T M， JEITSCHKO W. The crystal structures of $Zr_3Al_3C_5$， $ScAl_3C_3$， and UAl_3C_3 and their relation to the structure of $U_2Al_3C_4$ and Al_4C_3[J]. Solid State Chem 1998，140（2）：396–401.

［129］ SHI H L， ZHANG P， LI S S，et al. First–principles study of UC_2 and U_2C_3[J]. Journal of nuclear materials，2010，369（2/3）： 218–222.

［130］ ZHANG H B， BAO Y W， ZHOU Y C. Current status in layered ternary carbide Ti_3SiC_2， a review[J]. Journal of materials science and technology，2009，25（1）： 1–38.

［131］ SMIALEK J L. Environmental resistance of a Ti_2AlC–type MAX phase in a high pressure burner rig[J]. Journal of the European ceramic society， 2017， 37（1）： 23–34.

［132］ WATT J P， PESELNICK L. Clarification of the Hashin Shtrikman bounds on the effective elastic moduli of polycrystals with hexagonal， trigonal， and tetragonal symmetries[J]. Journal of applied physics，1980，51（3）：1525–1531.

［133］ REDDY C N， CHAKRADHAR R P S. Elastic properties and spectroscopic studies of fast ion conducting Li_2O-ZnO-B_2O_3 glass system[J]. Materials research bulletin， 2007，

42（7）：1337–1347.

[134] HADI M A, KELAIDIS N, NAQIB S H, et al. Mechanical behaviors, lattice thermal conductivity and vibrational properties of a new MAX phase Lu_2SnC[J]. Journal of physics and chemistry of solids, 2019, 129: 162–171.

[135] SHI H L, ZHANG P. Electronic structures and mechanical properties of uranium monocarbide form first-principles LDA+U and GGA+U calculations[J]. Physics letters A, 2009, 373（39）：3577–3581.

[136] ANDERSON O L. A simplified method for calculating the debye temperature from elastic constants[J]. Journal of physics and chemistry of solids, 1963, 24（7）：909–917.

[137] MATAR S F, PÖTTGEN R. First principles investigations of the electronic structure and chemical bonding of $U_3Si_2C_2$–A uranium silicide–carbide with the rare [SiC] unit[J]. Chemical physics letters, 2012, 550: 88–93.

[138] BAI X J, DENG Q H, QIAO Y J, et al. A theoretical investigation and synthesis of layered ternary carbide system U–Al–C[J]. Ceramics international, 2018, 44（2）：1646–1652.

[139] GESING T M，PÖTTGEN R，JEITSCHKO W，et al. Crystal structure and physical properties of the carbides UAlC and YbAlC[J]. Journal of alloys and compounds，1992，186（2）：321–331.

[140] NOVOSELOV K S，JIANG D，SCHEDIN F，et al. Two–dimensional atomic crystals[J]. Proceedings of the national academy of science of the United States of America，2005，102（30）：10451.

[141] ZHAO J J，LIU H S，YU Z M，et al. Rise of silicene：a competitive 2D material[J]. Progress in materials science，2016，83：24–151.

[142] ZHANG L，BAMPOULIS P，RUDENKO A N，et al. Structural and electronic properties of germanene on MoS_2[J]. Physical review letters，2016，117（5）：059902.

[143] CARVALHO A，WANG M，ZHU X，et al. Phosphorene：from theory to applications[J]. Nature reviews materials，2016，1（11）：16061.

[144] KELLY A G，HALLAM T，BACKES C，et al. All–printed thin–film transistors from networks of liquid–exfoliated nanosheets[J]. Science，2017，356：69–73.

[145] GONG J L，BAO X H. Fundamental insights into interfacial catalysis[J]. Chemical society reviews，2017，

46（7）：1770–1771.

[146] DUAN X D， WANG C， PAN A， et al. Two-dimensional transition metal dichalcogenides as atomically thin semiconductors： opportunities and challenges[J]. Chemical society reviews， 2015， 44（24）：8859–8876.

[147] CHHOWALLA M， LIU Z， ZHANG H. Two-dimensional transition metal dichalcogenide （TMD） nanosheets[J]. Chemical society reviews， 2015， 44（9）：2584–2586.

[148] YIN H， TANG Z. Ultrathin two-dimensional layered metal hydroxides： an emerging platform for advanced catalysis， energy conversion and storage[J]. Chemical society reviews， 2016， 45（18）：4873–4891.

[149] NAGUIB M， MASHTALIR O， CARLE J， et al. Two-dimensional transition metal carbides[J]. ACS Nano， 2012， 6（2）：1322–1331.

[150] GHIDIU M， LUKATSKAYA M R， ZHAO M Q， et al. Conductive two-dimensional titanium carbide ‘clay/’ with high volumetric capacitance[J]. Nature， 2014， 516（7529）：78–81.

[151] MASHTALIR O， NAGUIB M， MOCHALIN V N， et al. Intercalation and delamination of layered carbides and

carbonitrides[J]. Nature communications, 2013, 4: 1716.

[152] MA Z N, HU Z P, ZHAO X D, et al. Tunable band structures of heterostructured bilayers with transition-metal dichalcogenide and MXene monolayer[J]. The journal of physical chemistry C, 2014, 118 (10): 5593-5599.

[153] GAN L Y, ZHAO Y J, HUANG D. et al. First-principles analysis of MoS_2/Ti_2C and MoS_2/Ti_2CY_2 (Y=F and OH) all-2D semiconductor/metal contacts[J]. Physical review B, 2013, 87 (24): 245307.

[154] ZHA X H, LUO K, LI Q W, et al. Role of the surface effect on the structural, electronic and mechanical properties of the carbide MXenes[J]. EPL (europhysics letters), 2015, 111 (2): 26007.

[155] ZHA X H, HUANG Q, HE J, et al. The thermal and electrical properties of the promising semiconductor MXene Hf_2CO_2[J]. Scientific reports, 2016, 6: 27971.

[156] HONG L, KLIE R F, ÖĞÜT S. First-principles study of size- and edge-dependent properties of MXene nanoribbons[J]. Physical review B, 2016, 93, (11): 115412.

[157] CHEN C, JI X, XU K, et al. Prediction of T- and H-phase

two-dimensional transition-metal carbides/nitrides and their semiconducting-metallic phase transition[J]. Chem phys chem, 2017, 18（14）: 1897-1902.

[158] KURTOGLU M, NAGUIB M, GOGOTSI Y, et al. First principles study of two-dimensional early transition metal carbides[J]. MRS communications, 2012, 2（4）: 133-137.

[159] ZHA X H, YIN J S, ZHOU Y H, et al. Intrinsic structural, electrical, thermal and mechanical properties of the promising conductor Mo_2C MXene [J]. The journal of physical chemistry C, 2016, 120（28）: 15082-15088.

[160] MAK K F, LEE C G, HONE J, et al. Atomically thin MoS_2: a new direct-gap semiconductor[J]. Physical review letters, 2010, 105（13）: 136805.

[161] XIE Y, NAGUIB M, MOCHALIN V N, et al. Role of surface structure on li-ion energy storage capacity of two-dimensional transition-metal carbides[J]. Journal of the american chemical society, 2014, 136（17）: 6385.

[162] SLATER J C. Atomic Radii in Crystals[J]. Journal of chemical physics, 1964, 41（10）: 3199-3204.

[163] LI X X, YANG J L. First-principles design of

spintronics materials[J]. 国家科学评论：英文版，2016（3）：365-381.

[164] WOLF，S A，AWSCHALOM D D，BUHRMAN R A，et al. Spintronics：a spin-based electronics vision for the future[J]. Science，2001，294（5546）：1488-1495.

[165] HE J，LYU P，NACHTIGALL P. New two-dimensional Mn-based MXenes with room-temperature ferromagnetism and half-metallicity[J]. Journal of materials chemistry C，2016，4：11143-11149.

[166] TAO Q Z，LU J，DAHLQVIST M，et al. Atomically layered and ordered rare-earth i-MAX phases：a new class of magnetic quaternary compounds[J]. Chemistry of materials 2019，31（7）：2476-2485.

[167] LI S，AO Z M，ZHU J J，et al. Strain controlled ferromagnetic-antiferromagnetic transformation in Mn-doped silicene for information transformation devices[J]. Journal of physical chemistry letters，2017，8（7）：1484-1488.

[168] HUANG B. CLARK G，NAVARRO-MORATALLA E，et al. Layer-dependent ferromagnetism in a van der waals crystal down to the monolayer limit[J]. Nature，2017，546（7657）：270-273.

[169] KHAZAEI M，ARAI M，SASAKI T，et al. OH-terminated two-dimensional transition metal carbides and nitrides（Mxenes）as ultralow work function materials[J]. Physical review B，2015，92：075411.

[170] YIN X M，WANG Y X，BAI X J，et al. Rare earth separations by selective borate crystallization[J]. Nature communications，2017，8：14438.

[171] HEYD J，SCUSERIA G E，ERNZERHOF M. Erratum："Hybrid functionals based on a screened coulomb potential"[J]. Journal of chemical physics，2006，124（21）：219906.

[172] HADI M A，KELAIDIS N，NAQIB S H，et al. Mechanical behaviors，lattice thermal conductivity and vibrational properties of a new MAX phase Lu_2SnC[J]. Journal of physics and chemistry of solids，2019，129：162-171.

[173] BAI X J，ZHA X H，QIAO Y J，et al. Two-dimensional semiconducting Lu_2CT_2（T= F，OH）MXene with ultralow work function and ultrahigh carrier mobility[J]. Nanoscale，2020，12（6）：3795-3802.

[174] QIAO J S，KONG X H，HU Z X，et al. High-mobility transport anisotropy and linear dichroism in few-layer black phosphorus[J]. Nature communications，

2014，5：4475.

[175] FEI R X， LI Y. Strain-engineering the anisotropic electrical conductance of few-layer black phosphorus[J]. Nano letters，2014，14（5），2884-2889.

[176] HWANG E H， SARMA S D. Acoustic phonon scattering limited carrier mobility in two-dimensional extrinsic graphene[J]. Physical review B， 2008， 77（11）：115449.

[177] LI L K， YU Y J， GUO J Y， et al. Black phosphorus field-effect transistors[J]. Nature nanotechnology， 2014（5）：9：372-377.

[178] WANG Y L， XI L X， et al. Direct radiation detection by a semiconductive metal-organic framework[J]. Journal of the american chemical society， 2019， 141（20）：8030-8034.